팔순 바이크

북미를 횡단하다

나무는 소우주를 품고 있습니다.
우주의 모든 만물이
제 분수를 지켜야 한다는 평범한 진리를
몇십 년이 걸려,
사과나무를 통해
겨우 알게 되었습니다.

사과나무에 올라탄 두 바퀴의 자전거 세계는,
한계를 초월할 마음만 먹으면
어떤 한계도 뛰어넘을 수 있습니다.

자전거를 탈 때는
세상을 아름답게 볼 수 있는 눈을 가져야 합니다.
뭐든지 아름답게 보려고 하는
심미안(審美眼)입니다.

나는 같은 곳을 가더라도
매일 아름다운 것을 하나씩 가져옵니다.

이번엔 뭘 가져올까,
오늘은 뭘 볼까 항상 생각합니다.
어제와 오늘은 바람 소리가 다르구나 느껴집니다.
그러니 백 번이고 같은 코스를 가도
절대 지겹지 않습니다.

팔순 바이크 북미를 횡단하다

초 판 1쇄 2022년 04월 12일

지은이 이용태 송원락
펴낸이 류종렬

펴낸곳 미다스북스
총괄실장 명상완
책임편집 이다경
책임진행 김가영, 신은서, 임종익, 박유진

등록 2001년 3월 21일 제2001-000040호
주소 서울시 마포구 양화로 133 서교타워 711호
전화 02) 322-7802~3
팩스 02) 6007-1845
블로그 http://blog.naver.com/midasbooks
전자주소 midasbooks@hanmail.net
페이스북 https://www.facebook.com/midasbooks425
인스타그램 https://www.instagram.com/midasbooks

© 이용태, 송원락, 미다스북스 2022, *Printed in Korea.*

ISBN 979-11-6910-012-0 03980

값 23,000원

미다스북스는 다음세대에게 필요한 지혜와 교양을 생각합니다.

80's Bike AMERICA-CANADA Travel

팔순 바이크

북미를 횡단하다

사과나무 위에 올라탄 자전거 이야기

이용태 송원락 지음

미다스북스

사과나무에 올라탄 자전거 이야기

자전거를 타고 여행하는 것은 정성 들여 키운 사과나무에 자전거를 올려놓는 일과 같습니다. 사과나무는 열매가 적게 달릴 때도 200kg은 달립니다. 나 하나의 무게는 너끈히 감당할 수 있습니다. 그래서 저는 나무 위에 자전거를 올려놓고 함께하는 시간을 가지려 합니다.

나무는 심어놓고 물 주고 거름 주면 잘 크는 것으로만 알았던 제가 70년 동안이나 나무 농사를 지었습니다. 나무 농사란 하나부터 열까지 하나도 쉽게 넘어가는 게 없습니다. 마치 자식 키우는 것같이 애정을 가지고 키워야 했습니다. 그야말로 7번 쓰러져도 8번째 일어난다는 칠전팔기(七顚八起)의 정신으로 정성을 다해야만 했습니다. 땅에 땀을 뿌리고 나무를 어루만지며 살아온 삶이었습니다.

나무와 더불어 산다는 것은 분수에 맞게 사는 법을 배우는 일입니다. 나무는 심어놓고 그대로 놔두면 버르장머리 없이 하늘 높은 줄 모르고

기고만장하여 위로만 크려 합니다. 분수에 맞지 않게 키만 훌쩍 커서 쓸모없는 나무로 자라지 않도록 자리를 잡게 해주어야 합니다. 그래야 성목(成木)이 되었을 때 제 몫을 하게 됩니다. 또한 열매도 자기 능력에 맞게 달려야 합니다. 욕심이 과해서 능력에 맞지 않게 열매를 품으면 열매가 충실하지 못할 뿐만 아니라 '해걸이'라는 함정에 빠져서 다음 해에는 열매를 맺지 못하게 됩니다.

지나다니며 나무 키워놓은 것을 보면 그 농장 주인의 얼굴이 보입니다. 달린 열매가 그 사람의 삶을 대변하는 듯, 그 집 살림살이를 보는 듯합니다. 여기에서도 또 다른 세상을 엿보게 됩니다.

나무는 소우주를 품고 있습니다. 우주의 모든 만물이 제 분수를 지켜야 한다는 평범한 진리를 몇십 년이 걸려, 나무를 통해 겨우 알게 되었습니다. 알지 못하는 사이에 나무에 새싹이 나듯 이제 저도 나무를 보는 눈이 트였습니다. 지금은 나무하고 이야기를 나눌 수 있게 되었습니다. 긴 세월을 보내고서야 겨우 나무와 소통할 수 있게 되었는데, 이제 또 다른 것에 도전하고 있습니다.

이번에는 이곳 사과나무 위에 자전거를 올려놓으려고 합니다. 나무에게도 이미 양해 받아놓은 상태입니다. 힘에 부치지 않을 만큼 자전거를 품게 하려고 합니다.

지금껏 나무와 함께 칠전팔기로 살았듯 이제 자전거와 칠전팔기(七轉八技), 아니 팔기칠전(八技七轉)으로 살아보려고 합니다. 호미 자루를 손에 쥐는 것부터 열매를 따는 것까지, 나에게는 나무를 키우는 여덟 가지 재주(八技)가 있습니다. 여덟 가지 재주로 7번의 나뒹구는 상황(七轉)을 넘어가려고 합니다. 지금은 칠전팔기(七顚八起)로 살아온 제가 팔기칠전(八技七轉)하는 터닝포인트입니다.

귀국길 41일째와 42일 되는 날

저는 올해 78세입니다. 지난해, 분에 넘치지 않는 적당한 짐을 자전거에 싣고 철 모르고 형님 따라 다녔던 자전거 길 위에서 많은 가르침과 경험을 얻었습니다. 팔기칠전(八技七轉)한다는 뜻에서, 그리고 바퀴 자국 속에 심어놓았던 교훈을 되새겨본다는 뜻에서 그때의 이야기를 여기 옮기려 합니다.

41일간의 여행이 무사히 끝났습니다. 여행 동안 '청풍'이라는 닉네임으로 불리다가 진짜 이름 '송원락'으로 불리니 그 이름이 생소하게 느껴졌는데, 이제야 정신이 현실로 돌아오는 것 같습니다.

모든 일정을 마친 뒤 귀국길 비행기 안에서 생각했습니다. 이렇게 자전거를 타고 노숙하면서 다녔던 장기 여행을 무사히 마치고 집으로 돌아간다고 생각하니, 얼마나 대단한 여행을 하였나 하고 개선장군처럼 어깨에 힘이 들어갑니다. 누가 옆에서 부추겨주면 좋으련만 혼자만 신이 났습니다.

그렇게 활기차게 돌아다니던 분들은 다 어디 갔는지, 모두들 비행기에 타자마자 수면제 먹은 닭처럼 고개를 푹 숙이고 잠에 빠졌습니다. 특히나 형님은 떠나면서도 미련이 남은 듯 못내 아쉬워할 정도로 혈기 왕성하셨는데, 기내에 들어와서는 침을 흘리고 코까지 골면서 잠자는 모습에 다른 승객에게 민망했습니다.

팔순 노인이 40여 일 동안 8,750km 중 3,000km를 자전거를 타고 다니며 여행하는 것도 어려울 터인데, 제대로 먹지도 편안하게 자지도 못하며 노숙하고 다닌다니 미쳐도 보통 미치지 않으면 할 수 없는 일입니다. 그와 함께한 나 자신도 조금씩은 미쳐가지 않을 수 없었습니다. 여행 동안 조금씩 미쳐가는 나의 모습을 가감 없이 이곳에 써봅니다. 모든 분들께 감사합니다.

2022년 봄

목 차

미국편 AMERICA

1장 자전거로 가는 고구마 길

2장 여기 누가 없소?

3장 한 자리 더 남아 있소

캐나다 편 CANADA

1장 줄 것도 없고 받을 것도 없는 채워진 그 자리

2장 먼 길을 돌아서 오지 않아도

3장 마주하는 두 얼굴로

일러두기

1. 이 책은 함께 여행을 떠난 송원락과 이용태가 함께 집필하였습니다.
2. 책 본문에 들어간 QR코드를 스캔하면 저자가 직접 만든 영상을 볼 수 있습니다. 팔순 저자의 진솔함과 정성이 녹아든 날것 그대로의 영상이므로 책과 함께 감상하시면 좋습니다.

Golden Gate Bridge

AMERICA

미국편

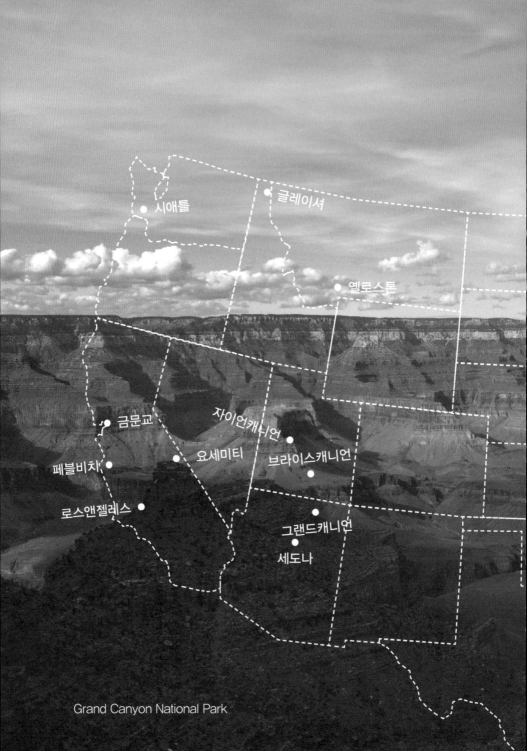

글레이셔

시애틀

옐로스톤

금문교

자이언캐니언

요세미티

브라이스캐니언

페블비치

로스앤젤레스

그랜드캐니언

세도나

Grand Canyon National Park

1장
자전거로 가는 고구마 길

1

41일간 8,750km의 대장정의 시작

Airport

우리가 잊고 사는 것들

우리 나이의 사람들은 지금껏 살아왔던 습관대로 살아가려고 합니다. 바쁘고 힘들다는 핑계로 따뜻한 말 한마디 건네는 친절도, 남에게 미소 지을 여유도 잊었습니다. 살아남아야 한다는 긴장감 속에 살다 보니 남을 칭찬하는 법을, 걱정이 많은 삶을 살다 보니 감사하는 마음도 잊게 되었습니다. 불평불만 하면서 이 세상이 살아갈 만하다는 사실도 잊어 버렸습니다. 이렇게 중요한 것을 잊은 채 사는 삶이 나를 황폐하게 만

북미를 횡단하다

1장_자전거로 가는 고구마 길 21

든다는 것을 몰랐습니다. 많이도 잊고 살아온 세월을 뒤로하고 이제부터라도 나무에게도 가끔은 물어보며 살아보려고 합니다.

오늘은 나무에게 이렇게 물어봤습니다.

"사람이 살아가는 데는 무엇이 필요한가?"

그러자 나무가 귓속말로 이야기해주었습니다.

"사람은 격려의 말로 살아가는 법을, 칭찬하면서 감사하는 마음을, 고요함 속에서 마음의 평화를 배운다네."

"사람들은 모자람에서 오는 불편함과 미워함에서 오는 괴로움을 잊지 못하지만, 정작 정말로 잊지 말아야 할 것은 자신을 감싸주고 지켜주는 이들에게 사랑의 미소를 보내는 일이라네. 이제 자전거를 등에 태웠으니 가는 길에 만나는 꽃들에게도 물어보고 스치는 바람결에도 물어보면 잊고 살아왔던 귀한 얼굴들을 다시 만날 수 있을 것이네."

이 여행을 저지르게 된 이유

자전거 모임에 들어오기 전에는 '이 나이에 시작할 수 있을까?' 하는 부정적인 생각을 했습니다. 나무하고만 이야기하지 말고 세상에 나와 이야기 나누며 살아가자고 형님이 몇 번이나 말씀하셨지만, 이런저런 이유로 망설였습니다. 이제 아이들이 걱정하는 마음도 헤아려야 할 나이가 되었고 말입니다. 그러던 차에 어느 날, 집에 들어가려는데 자전거가 길을 막고 있는 것이었습니다.

아내가 저지른 일이었습니다. 자전거는 기종이 많아 무엇을 사야 할지 선택하는 일은 전문가도 하기 어렵습니다. 그런데 아무것도 모르는 시골 여자가 자전거 가게 주인이 추천해줬다며 시장 물건 구입하듯이 골랐다고 합니다. 가장 좋고 가장 튼튼한 값비싼 것으로 추천해 달라고 했다면서 어디에 쓰는 것인지도 모르는 자전거 부속품과 옷까지 한꺼번에 산 것을 방 가득 널어놓았습니다. 그때 산 물건 중에 아직까지 단한 번도 쓴 적이 없는 것도 있습니다.

사실 물건이야 안 맞으면 바꿔 쓰면 되고 부족하면 채워 쓰면 되는데, 형님을 대하기가 걱정이었습니다. 평소에 많은 관심을 가져주신 분에게 자문도 받고 의견도 들어보고 결정하여야 했는데 덜컥 저질러놓았으니 변명할 여지가 없습니다.

형님은 손위 동서 되시는 분입니다. 같은 고향에서 자랐고, 같은 처가 김문에 출입하게 되어 형제가 되었습니다. 나이는 84세로 저보다 6살이 많아 반 띠동갑입니다. 반 띠동갑도 동갑이라 어려움이 없이 지내게 되었습니다. 그래도 이번 일은 잘못된 것 같습니다. 형님의 전문 분야인데 자문도 받지 않고 실행했으니 섭섭하게 생각하셨으리라 봅니다. 이럴 때는 형님같이 무겁게 느껴져 걱정스럽지만, 어떤 때는 친구 같고 또 어떤 때는 떼쓰는 어린아이 같아서 '잘 보듬어 드려야지.' 하고 생각합니다.

이번 자전거 여행도 형님이 권하셨습니다. 초보 여행자에게는 무모하리 만큼의 모험이었지만 형님이 옆에 계시고 모두 형님을 좋아하는 여러 동호인이니 형제처럼 지낼 수 있으리라 생각했습니다. 여행길에 대한 기대로 가슴이 부풀었습니다. '누가' 먼저 저질러서 나도 그것을 받아 저지른 것이니 묻지도 따지지도 못할 것입니다. 그렇게 40여 일간의 여행길에 나섰습니다.

자전거로 가는 고구마 길

미주 지역을 여행할 때 대다수의 사람들은 자동차 여행을 선호하는 것 같습니다. 자동차 없이 여행하기에 너무 넓은 대륙이라고 생각하기 때문입니다. 그래서 자전거로 하는 여행은 우리 같이 미친 사람이 아니면 감히 엄두도 내기 힘듭니다. 그래도 자전거로 여행을 다녀왔다는 사람이 또 있어서, 알아본 바에 의하면 미주 지역을 여행하는 루트는 두 가지였습니다.

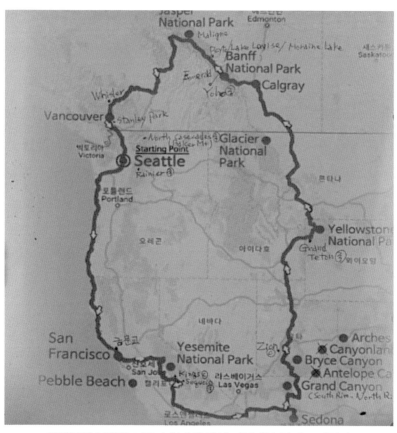

우리들의 여정이 고구마 형태의 길이 되어 현수막에 그려졌다.

제일 많이 선호하는 코스는 미 서부 LA에서 출발해 마이애미(Miami)까지 가서 1번 국도를 타고 미국 최남단 키웨스트(Key west)까지 가는 7,500km 코스입니다. 두 번째 코스는 똑같이 LA에서 출발해 네바다주(Nebada)를 건너 미 동부 뉴욕과 보스톤을 종점으로 하는 7,000km 가는 코스입니다.

우리는 힘이 더 들어도 미 서부의 로키 산맥 끝자락을 근거지로 한 미국 국립공원을 전부 답사한다는 계획을 세우고 '서부 지역 공원 탐험'을 여행의 콘셉트로 잡았습니다. 캐나다 쪽은 로키의 중부부터 동부까지 이어지는 6대 도시를 탐방한다는 뜻에서 '도시 탐방' 콘셉트로 정했습니다. 이 여행 루트는 총 8,750km, 예상 소요 기간은 두 달이었지만 좀 무리해서 45일로 계획했습니다. 코스의 설계와 기획은 경험이 많은 사람들의 의견을 종합하여 정했지만, 코스의 이름은 형님이 고구마 길이라 정했습니다.

여행 루트를 선으로 그리니 이렇게 고구마 모양이 되었습니다. 이 루트가 유명해져서 '고구마 길'이 고유명사가 될지 누가 알았겠습니까?

2017년 6월 1일 시애틀에 들어가서 캐나다와 미 서부를 여행하고 7월 10일에 한국으로 입국하는 41일간 8,750km의 대장정에 오르게 되었습니다.

노선도

미국 쪽은 시애틀에 입국하여 23일간 미 서부 일대의 12개 공원을 찾아가는 총 6,120km 길입니다. 캐나다 쪽 18일간은 로키 산맥을 중심으로 한 6개 도시를 찾아가는 2,630km입니다. 그 가운데 자전거를 타고 가는 거리가 3,000km를 조금 넘습니다.

캐나다 쪽이 거리로는 미국 쪽의 반밖에 되지 않습니다. 로키(Roky)가 럭키(lucky)로 보입니다. 그러나 자전거 여행으로는 더 힘든 코스일 것 같아 피로가 덜 쌓인 여행 초반에 갔으면 어떨까 생각도 가져봤으나, 전체의 의견에 따라 미 서부쪽으로 먼저 가기로 결정했습니다.

1) 미 서부 공원 탐방 일정표

| 일자 | 거리(km) | | 도착지 | 비고 |
	구간	누계		
6/1		1500	시애틀	
6/2			레이니어 국립공원	
			그랜드티턴 국립공원 캠핑장	
6/3	250	1750	샌프란시스코 금문교	왕복 라이딩
6/4			페블 비치	환상의 17마일 골프장
6/5~8	330	2080	요세미티 국립공원	협곡 상과 하 라이딩
6/9~10	1400	3480	그랜드 캐니언	킹스 스퀘어
6/11	190	3670	세도나	
6/12~18	900	4570	브라이스 캐니언	
			엔터로프 캐니언	
			카넌렌즈 국립공원	
			알처스 국립공원	
6/19~21	900	5470	옐로스톤	
6/22~23	650	6120	글레이셔 국립공원	

2) 캐나다 로키 산맥 6개 도시 탐방 일정표

일자	거리(km)		도착지	비고
	구간	누계		
6/24	320	6,250	캘거리	
6/25	750	6,900	밴프	
6/26	460	7,150		
7/5	350	7,500	로키 산맥 여기저기	
7/6~7	100	7,600	재스퍼	
7/8	800	8,400	밴쿠버	
7/11	350	8,750	시애틀	

3) 준비물 리스트

> **범례** ◎ 꼭 지침해야 될 물품
>
> ◆ 여유 공간이 있다면 챙길 물품
>
> ▣ 공용물품. 비고란에 준비할 대원 명명(1~6)

[식재료]

등급	품 명	규격 (단위)	수량	비고 (준비할 동료 고유번호)
▣	천일염	먹을 만큼 넉넉히	1.5kg	1
▣	포장 고추장	순창고추장 6통	500g	2, 4, 6
▣	포장 된장	순창 4통	500g	3, 5
	라면	30개 들이	1box	
▣	김	생 김, 구운 김	900장	2, 3, 4, 6
▣	봉지커피	180개 들이 박스	3	2, 5, 1
▣	멸치볶음	2kg	3	3, 6, 5, 4

[야영 장비 및 의류]

등급	품 명	규 격	수량	비 고
◎	텐트	비박용 1-2인용	1	2.5kg 미만
◎	매트	50cm-2m-1cm	1	
◆	베개	에어용 내지	1	배낭으로 사용 가능함
◎	긴팔 저지 상하	보온이 되는 것	2	추동용
◎	방풍자켓		1	공동구매품으로 대체 30,000원
◎	비옷	땀복으로 대체 가능	1	판초 우의 가능함
	보온물통		1	침낭 안에 넣는 고무 물통
◆	잠옷	세탁 용이하고 가벼운 것	1	평상복으로 입을 수 있는 추리닝
◎	신발	신은 신발 외 샌들	1	
◆	침낭	추동용	1	하절기용으로 가능
◎	양말		2	
◎	속옷		2	
◆	수영용 팬티		1	속옷으로 전용 가능
◆	배식용기	국, 밥그릇, 스푼, 칼	1세트	가벼운 플라스틱용
▣	버너 셋트	간단한 간식용	2	
◆	메모장 및 필기구		1	가벼운 것
▣	관광안내책자		1	
▣	카메라	각종 렌즈	2	1번 학장님
▣	동영상 카메라	트라이포트 포함	1	1번 동영상에 따르는 부품 일체

북미를 횡단하다

[수리공구 및 일상용품]

등급	품 명	규격	수량	비고
■	해체 및 조립공구	set	1	
■	펑크 및 수리공구	set	1	
■	공기주입기		2	
■	쥬브	26, 27인치 각 1개	2	1번.
■	상비약	마크럼,붕대, 반창고	연고	1번 아스피린, 감기약, 소화제
◆	치약.치솔			개인 준비
◆	썬크림 비누			개인 준비
◎	수건	가볍고 흡수력이 좋은 것	2	개인 준비
◆	면도기		1	개인 준비
■	과도.손톱깎기		3	1
■	건전지(배터리)	AAA 1.5v	2Box	1
■	전화기 충전기		2	전화 로밍은 각자 준비
	자전거 포장용 커버		1	장당 28,000원

형님이 짠 준비리스트는 기본적인 것들입니다. 여러 번 경험하고 익숙해지면 앞의 리스트에 있는 물품들은 신혼 살림살이처럼 느껴질 것이라고 하셨습니다. 사실 어떤 물품들은 없어도 괜찮고 있으면 좋은 것일 뿐 여행의 질에는 영향이 없다고 합니다. 살림살이에 완벽이라는 것이 어디 있겠습니까? 여행에는 부족함이 있기 마련이라 현지에 없는 것을 구하려 노력하다 보면 사람들과 부대끼게 되고, 그것이 현지인과 여행의 묘미가 됩니다.

하나의 팁을 드립니다. 여행은 시작과 끝이 가장 중요합니다. 출발과 도착이 전체 여행의 흐름을 결정합니다. 여행을 하다 보면 사고가 나거나 유실물이 발생하는 장소는 대부분 공항입니다. 공항에서 시간에 제약받지 말고 여유롭게 시간을 가지는 게 좋습니다.

출발할 때는 공항에 하루 먼저 도착하여 여행을 준비하며 편안한 밤을 보내고, 여행을 마치고 귀국할 때도 하루 먼저 공항에 도착하여 쇼핑도 하고 귀국 준비를 하면 여유로운 시간과 잠자리를 누릴 수 있습니다. 세계 어떤 국제공항이라도 여름에는 시원하고 겨울에는 따뜻합니다. 호텔만큼 잘되어 있는 무료 공공시설이 있으니 이용을 추천합니다. 공항을 오고 갈 때는 자전거를 이용해 교통비도 아낄 수 있고 그 길에 관광도 할 수 있습니다.

2

시애틀의 잠 못 이룬 밤

Seattle

이번 여행에서 첫 번째 맞이하는 밤이 시애틀에서 보내는 6월의 첫째 날이었습니다. 영화 〈시애틀의 잠 못 이루는 밤(Sleepless in Seattle)〉이 생각납니다. 파란 눈의 맥 라이언(Meg Ryan)과 톰 행크스(Tom Hanks), 그들의 애틋한 사랑이 해피엔딩으로 끝나듯 우리의 여행도 잘 끝날 것 같은 기분이 들었습니다.

마당발인 코베아 님이 전주에서 이곳으로 이민 와 있는 지인에게 연락을 해두어 분에 넘치는 환대를 받았습니다. 영화 속 태평양 파도가 철썩대는 바닷가의 집은 아니지만 전통적인 미국의 목조 건물로 안내받았습니다. 야·비박하는 것에는 달인들이라 엉덩이를 붙일 장소만 있으면 문제가 없지만, 우리 일행 여섯 사람이 편안하게 지낼 안식처가 있으니 든든했습니다.

무엇보다 먹거리가 장난이 아니었습니다. 며칠 전부터 준비해두었는지 김치 맛이 적당히 들었습니다. 한국 음식, 그중에서도 맛의 고장이라는 전주의 맛이었습니다. 바다를 건너 여행을 떠나왔으니 이런 음식은 언제 다시 만날지 모를 일입니다. 기왕 만난 김에 후회 없는 한 판 승부를 했습니다.

육즙이 어떻다는 둥, 부드러움이 어떻다는 둥 이런 말들이 바로 이런 것을 말하는 듯했습니다. 무등산 님은 자기 우악한 손바닥보다 더 두꺼운 비프스테이크 두 조각을 삽시간에 게 눈 감추듯 먹었습니다. 일꾼에게 일을 많이 시키려면 세경을 많이 주라던데, 이렇게 먹여놓고 내일은 얼마나 시달리게 하려는지….

처음 겪는 입장에서는 맛있다고 꾸역꾸역 먹을 일만은 아닌 것 같았습니다. 그러나 목으로 넘어가는 맛이 예사롭지 않아 일단은 먹고 보자 했습니다. 게다가 이런 귀한 음식을 남기면 준비한 사람에게 실례가 되니, 설거지까지 해줄 것처럼 그릇을 깨끗이 비웠습니다.

형님은 어딜 가나 문제아였습니다. 12시간이나 되는 긴 비행시간에도 조금도 피로한 기색 없이 분위기를 주도합니다. 하지만 매사에 절약하시는 분이 술 아낄 줄은 몰라 건강이 염려스럽습니다.

배에 음식을 채워놓고 나니 딴 생각이 납니다. 평소에는 이런 생각을 하지 않는데, 내일 갈 레이니어 산(Mount Rainer)을 생각하니 명소에서 명품 음식을 먹을 수 있기를 바라게 됩니다. 애초에 인간이 음식을 탐하는 것은 원초적인 본능이니 흉될 것 없다고 부끄러운 마음을 애써 모른 척하며, 코베아 님이 알아서 잘 해주리라 기대하며 잠들었습니다.

레이니어 산(Mount Rainer)

레이니어 산

어제 잘 먹은 비프스테이크가 효과 만점입니다. 자전거에 달린 고도
계가 어제 편안했던 잠자리를 모른 척하지 않았습니다. 4,392m 높이
의 레이니어 오름의 산길도 3시간이나 열심히 비벼 올라오니 끝이 보입

니다. 오늘 우리가 자전거로 올라가야 할 목표에는 도착했습니다. 오늘 점심은 산 위에서 먹게 될 것을 알고 아침에 먼저 준비해주신 도시락을 먹었습니다. 설산을 보며 먹는 넉넉한 인심으로 담아주신 밥맛은 남의 도시락을 넘보게 할 정도였습니다.

나라다 폭포(Narada Fall)

앞의 사진은 나라다 폭포(Narada Fall) 사진입니다. 폭포의 높이가 22m나 되어 날씨가 맑을 때면 레이니어 산을 배경으로 만들어진 무지개를 볼 수 있습니다. 많은 사진작가들이 작품 활동을 할 최적의 장소로 꼽는다고 합니다. 이 정도 규모의 폭포라면 관광 자원으로 자랑거리가 될 만했습니다. 태평양 연안에 위치하여 여름에도 잔설이 남아 있어 떨어지는 수량도 일반 폭포와 달리 풍부합니다.

존 무어 트레일(John Muir Trail)은 레이니어 산에서 요세미티 국립공원까지 가는 107km의 트래킹 코스입니다. 유명한 산악인 존 무어(John Muir)의 이름을 딴 트레일의 출발점 계단에 이런 글이 적혀 있습니다.

"내가 산 정상에서 거닐다가 본 중 가장 멋지고 풍부한 아름다운 길."

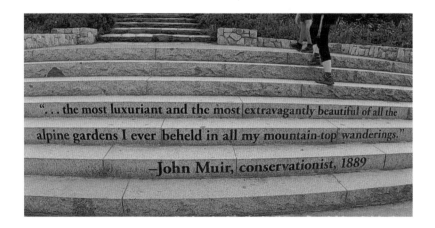

자전거 때문에 계단을 올라가서 볼 수는 없었지만 길 양옆으로 쌓인 눈이 벽을 이루고 있어 눈으로 만든 터널로 들어가는 듯했습니다.

이곳에는 눈이 많이 내린다고 합니다. 최고 적설량이 28.5m입니다. 습기를 많이 머금은 태평양 공기가 가파른 레이니어 산의 경사면을 타고 올라가면서 급속히 냉각되며 응축되기 때문이라고 합니다. 눈이 녹아 물이 흘러 계곡마다 폭포를 이룹니다. 그래서 기가 막히게 아름다운 빙하가 25개나 생겼다고 합니다.

우리들이 산을 찾은 계절은 6월 초순이었지만 이곳의 날씨가 꽃 피우기에 적당한 때인지 온 산이 들꽃으로 뒤덮여 있었습니다. 여러 들꽃이 자생적으로 피는 모양입니다. 이렇게 들꽃이 아름답게 피어 있는데도 눈은 설산을 보게 됩니다.

그랜드티턴 국립공원(Grand Teton National Park)

여행 3일째, 오늘의 목적지인 그랜드티턴 국립공원(Grand Teton National Park)으로 가는 길은 자전거로 가는 거리가 100km 미만이지만 산 속에 있는 캠핑장이라 오르막이 예사롭지 않습니다. 경사도가 얼마나 되고 거리가 얼마나 되는지 어린아이 보채듯이 수다스럽게 물을 수도 없어 죽기 살기로 따라만 가기로 했습니다.

내가 힘든 것만큼 다른 사람들도 힘듭니다. 그러니 결국 누가 더 참을 성 있느냐의 끈기 싸움입니다. 끈기라면 질 수 없습니다. 70년 동안 미우나 고우나 나무와 함께 서로 보듬고 살아왔으니, 그 세월이 헛되지 않았다는 것을 오늘 보여주리라 마음먹었습니다.

길을 가다 보니 이제야 자전거 타고 다니시는 분들의 말뜻을 알 것 같습니다. 스치는 바람이나 풍경은 한 편의 영화를 보는 듯했습니다. 가만히 앉아서 보면 풍경은 움직이지 않는 그림이지만, 내가 직접 자전거를 타고 그 그림 속으로 들어가면 움직이는 무성영화가 됩니다. 여기에 새 소리와 바람 소리의 합주가 들어가면 그야말로 한 편의 영화입니다. 내가 뱉어내는 숨소리까지 더해져 온 세상이 장엄한 연주장이 되면 자전거 타고 간다는 느낌도 잊게 됩니다. 내리막길에서 가속이 붙어 빠르게 달리다 보면 풍경이 액션 영화의 스펙타클한 한 장면이 됩니다. 좀 더 진중한 그림으로 감상하고 싶을 때는 숨소리를 한 박자 늦춥니다. 자전거 속도가 영사기 속도나 마찬가지입니다. 완급을 조절하면 작품을 마음대로 기획, 제작해 가면서 자전거를 탈 수 있어 좋았습니다.

내가 제작하고 나 혼자 보는, 흥행하고는 아무 상관이 없는 영화이니 마음대로 할 수 있습니다. 손익 관계는 그날의 라이딩 거리로 표현되니 이익이 생겼다고 세금 내라고 독촉하는 사람도 없고, 손해봤다고 집문서 보자는 사람도 없습니다. 매일 상영장과 세트장이 바뀌다 보니 매일 새 영화를 창작하는 재미에 매일 자전거를 즐기게 되었습니다.

영화 한 편의 상영시간을 1시간으로 보면, 자전거는 20~30km 갑니다. 오전에 한 편, 오후에 한 편을 보면 그날은 영화를 보는 것으로 하루가 다 간 것 같습니다. 그날의 라이딩은 영화 보는 것으로 일과를 성취하게 되어 일타 삼매 함으로써 언제나 쓰리고(Three Go)를 외치게 됩니다. 식상해지면 배경음악을 바꾸어볼 수 있습니다. 핸드폰이나 스피커를 자전거 앞에 달고 좋아하는 음악과 함께 달리면 금상첨화입니다. 볼륨을 조정하여 꽃향기와 스치는 바람 소리까지 듣고 눈으로는 풍경을 감상합니다. 길 한쪽 편에는 시중들 듯 서 있는 나무와 풀, 길 건너편의 호수, 먼 산에 보이는 파란 하늘 밑의 설경…. 이 모든 것들이 오중주를 연주하는, 이 세상에서 가장 아름다운 풍경 속으로 자전거를 타고 들어갑니다.

출발한 지 며칠 되지 않는데 자전거 바퀴에 부딪치는 돌멩이 소리도 예사롭지 않게 들립니다. 오늘 스치는 바람 소리가 어제의 바람 소리와 다릅니다. 자전거를 타는 나의 영혼이 하루하루 발전해가며 풍요롭게 살쪄갑니다.

오늘은 한 편의 영화도 채 끝마치지 못했는데 아쉽게도 벌써 할당량을 다 채웠나 봅니다. 영사기를 끄고 천막 채비를 하라고 합니다. 경비원이 도열하고 있듯이 양옆에 간격 맞춰 서 있는 나무는 절제하라는 경계선으로 보입니다. 잘 가꾸어진 잔디밭은 비단금침 같습니다. 이 그랜드티턴 국립공원은 와이오밍주 북부에 위치하고 있지만 길 하나만 건너면 옐로스톤(YellowStone)과 접해 있어 높은 곳은 4,197m나 됩니다.

이곳은 원래 무분별하게 개발되던 개인 소유의 땅이었는데, 록펠러 재단에서 일괄 매입하여 국립공원으로 조성하여 시에 기부한 것이라고 합니다. 그랜드티턴 국립공원은 미국의 제2의 원시의 숨결 지대라고 불립니다.

오늘은 마치 눈 덮인 알프스를 바라보면서 라이딩 하는 것 같습니다. 설산이 보이는 길 한쪽에 쌓인 눈이 자전거 바퀴가 구르는 진동에 떨어져 눈사태가 날까 걱정이 되었고, 잭슨 호수를 끼는 다른 길 한쪽은 파란 호수에 빠질까 시선을 주지도 못하고 달렸습니다. 도착하고 나서는 언제 어떻게 여기까지 왔는지 모를 정도였습니다.

100평 아파트든, 5성급 호텔이든 똑같은 잠자리입니다. 우리의 잠자리는 수없이 많은 별과 은하수까지 덤으로 볼 수 있는 밤하늘 아래였습니다. 텐트 설치는 처음이라 기둥도 세우지 못하고 있으니 형님이 도와주어 겨우 완공했습니다. 일행 사이에서 텐트를 '헝겊집'이라고 부릅니다. 팀원 중에 감성이 풍부하고 표현력이 남다른 오이쨈 님이 텐트(Tent)를 순수 우리말로 바꾼 것입니다. 이 정도면 국어사전에 등록해도 손색이 없습니다.

제가 허둥대는 동안, 일행들은 벌써 텐트를 다 친 뒤에 가지고 온 물품들을 내놓고 자기가 할 수 있는 일을 하고 있었습니다. 누구도 지시를 내리지 않았는데 물 뜨러 가는 사람도 있고, 불 피우는 사람도 있고, 반찬 준비하는 사람도 있고 일사불란합니다. 무엇이라도 거들어야 마음이 편할 텐데 할 일은 없고 자리를 피할 수도 없으니 저는 꿔다 놓은 보릿자루처럼 있었습니다. 초짜의 서러움입니다. 바로 위 선배 격인 일지매 님이 설거지는 자기 몫으로 항상 남는다고 했던 말이 생각나면서 나중에 설거지를 도와줄 생각을 해봅니다.

텐트를 설치하는 데도 다 질서가 있고 격식이 있습니다. 넓은 들판이라고 아무렇게나 짓는 것이 아닙니다. 대장님이 먼저 자리를 잡으면 그에 따라 병법에 진을 구축하듯이, 머리 두는 방향과 서로간의 프라이버시와 안전거리를 고려하여 짓습니다. 텐트의 색깔도 감안하여 위치를 선택합니다. 이 모든 작업 과정이 서로 눈빛만 봐도 이해하는 식으로 이루어지는 것이, 하루 이틀 만에 만들어진 팀워크가 아닙니다.

첫날 밤의 텐트 위치가 이 여행이 끝날 때까지 암묵적으로 고정되어 어느 사람 옆에는 누가 설치한다는 것을 서로 인지하고, 옆 사람과 자연스럽게 텐트 이웃이 됩니다. 그래서 자기가 텐트를 설치할 때 이웃을 배려하는 마음을 항상 가지게 됩니다.

자전거 캠프 여행은 떠날 때부터 끝날 때까지 소통과 협력이었습니다. 그 과정에서 '어게인(again)', 다시 함께하자는 약속을 낳습니다. 공항에서 서로 헤어질 때 맛있는 고추장으로 다시 한 번 비빔밥 해 먹자는 약속을 낳습니다.

자전거 타기도 이 원칙에서 벗어날 수 없습니다. 도로를 이용하는 라이딩 코스는 안전을 위하여 어떠한 경우에도 한 줄로 타야 합니다. 때문에 첫날 순서 그대로 여행을 마치는 그날까지 지킵니다. 선두는 팀의 길잡이고 리더로서 항상 앞장서고, 바로 뒤따르는 두 번째 자리는 이 팀에서 가장 취약한 사람의 자리입니다. 그 자리는 내 몫이었습니다.

앞사람은 뒷사람을 인도하며 가지만, 뒤따르는 사람은 앞사람의 궁둥이를 보고 가기 때문에 앞사람을 타격할 수 있습니다. 그래서 일정한 거리 두기로 안전한 여행을 해야 합니다. 출발할 때 뒷사람을 찾고 뒤따르는 사람은 앞사람의 일거수일투족을 감시합니다. 사전에 사고를 방지할 수도 있고 뒷사람이 앞사람의 컨디션을 추측할 수도 있습니다.

단체 라이딩에 피해를 줄 것 같아 힘든 본인이 쉬어가자고 하기 어려울 때가 있는데, 그럴 때 뒷사람이 먼저 쉬어가자고 말해줄 수 있습니다.

이 여행에서 모든 자전거에 실린 물건들은 공용으로 쓰입니다. 개인 신분증을 제외하고 많든 적든 비싸든 싸든 네 것 내 것이 없습니다. 이 여행의 팀원이라면 누구의 허락도 없이 모든 물건을 사용할 수 있는 특권이 있는 것입니다. 귀하게 쓰이리라고는 생각도 못 하고 챙겨 온 물건들이 현지에 와서는 보물같이 대접받습니다. 그러니 집 떠나올 때에 하나라도 더 챙겨 오려고 이것저것 무게를 달아보고 고심하게 되는 것입니다.

외국 캠핑장에서 가장 귀하신 몸으로 대접받는 것은 된장, 고추장입니다. 다른 식료품은 날이 가면서 먹어 없어지며 어깨를 가볍게 하지만 된장, 고추장은 잘 줄어들지도 않아 떠날 때까지 발목을 잡습니다. 만만한 것은 마른 김과 멸치, 고춧가루입니다. 이런 품목은 챙기기도 쉽고 무게도 나가지 않아 서로 준비하겠다고 경쟁합니다. 가끔은 여러 명이 중복으로 준비하게 되는 경우도 있습니다. 나중에 고춧가루만 남게 되면 독한 놈은 고춧가루만 먹고 살 수 있다는 말을 들을 수도 있습니다.

요즘은 세계가 온라인화 되고 한류 열풍도 불어 세계 어느 도시에서나 한국 식품을 구입할 수 있어 편해졌습니다. 어떤 편의점은 한국의 마트에 온 것 같은 착각이 들 때도 있습니다. 한국에서 준비할 것은 한국 특유의 밑반찬이나 가벼운 양념 정도입니다. 무겁고 변하기 쉬운 고기나 쌀은 오히려 현지에서 한국보다 더 질 좋고 싸게 살 수 있었습니다. 앞에 준비 리스트를 참고하시면 도움이 될 것입니다.

일행 중에 특별하게 맛있는 된장을 늘 준비하는 분이 있습니다. 모양은 메주 덩어리처럼 거무튀튀한 것이 어디에도 맛이 배어 있을 자리가 없는 것 같은데, 그 된장맛으로 남김없이 식사를 하게 됩니다. 알고 보니 5대째 내려온 장맛이라고 합니다. 예전에 그 된장은 씨알장이 되어 다음 자전거 여행 때부터는 맛보기 어려울 것이라 했지만 이번에도 가지고 왔습니다.

여행 떠나기 전 전지훈련 때, 여행에 가지고 갈 음식을 선보일 자리가 한두 차례 있습니다. 그때 자기 집의 비장의 무기라면서 음식 자랑 겸 마눌님 솜씨 자랑을 하면 흥을 돋워줘야 다음에 또 그 맛을 다시 볼 수 있다는 사실을 잊지 마시기 바랍니다.

이래도 되는 걸까 두렵습니다. 오늘 밤도 어젯밤 편안한 잠자리에 버금가는 고운 잠자리입니다. 코골이가 심하다고 멀찌감치 외곽으로 잠자리를 옮겨간 선바위 님만 ㄷ자로 된 텐트 진형에서 벗어난 것이 못마땅하지만, 그런 대로 편안한 잠자리입니다.

내어주고 함께 나누는 짐

히말라야 여행 때였습니다.

귀하게 챙겨와서 제 입에 들어가는 것도 아깝게 생각했던 라면과 견과류를 지나가는 길에 들른 보육원에 아낌없이 희사하고 온 적이 있습니다. 그때에도 동행했던 분들은 나보다 10년에서 20년이나 젊은 분들이었습니다.

그러니 같은 짐이라도 나는 정말 뼛골 빠지도록 힘들게 가져온 짐인 것입니다. 그런 짐을 내어놓자니 손끝이 오그라들도록 아까운 마음도 있었습니다. 그러나 내놓고 오니 함께하는 기쁨이 컸습니다. 다른 짐을 풀어놓고 온 것 같이 마음과 몸이 가벼워졌던 기억이 납니다.

3

페블 비치

Pebble Beach

자동차 여행이든 자전거 여행이든 미국에 오면 이 루트는 필히 경험하게 됩니다. 1번 도로를 따라 국토 종주하는 코스도, 미 동부 뉴욕과 보스톤으로 가는 횡단 코스도 이곳을 통과하여야만 합니다. 형님은 이번까지 세 번째라며 입에 침이 마르도록 칭찬을 했습니다. 궁금증이 더해져 빨리 가고픈 생각에 길을 서두르지 않을 수 없었습니다.

페블 비치(Pebble Beach)는 몬트리올 반도에 있는 자치구에 위치하고 있습니다. 최초 리조트 개발자는 사무엘 모스(Samuel Morse)로, 모스 부호를 창시한 집안 출신입니다. 이 리조트는 1919년에 개발하여 미국에서 가장 권위 있는 US 오픈 경기를 6차례나 개최하였고 매년 AT/N 대회도 이곳에 고정해서 개최한다고 합니다. 이 골프장은 회원권이 있는 사람과 동행하지 않으면 라운딩할 수 없습니다. 특별한 멤버십을 가진 명품 골프장으로 이곳에서의 라운딩은 하늘에 별 따기만큼 어렵다고 합니다. 형님은 이곳에서 클럽을 잡아봤다고 했습니다. 대단하다고 했더니 호텔 앞에 지나다니는 사람 어느 누구에게나 샌드웨지로 벙커샷은 허용한다고 합니다.

덧붙여 말씀하시기를, 이런 명품 골프장을 품고 있는 명승지가 타민족에게 두 번의 수난을 겪었다고 합니다. 첫 번째는 17세기에서부터 18세기 중엽까지 중국 불법 이민자의 해안 점령이었고, 두 번째는 일본인 자본가들에게 당한 수모였다고 합니다. 미국의 자존심인 엠파이어스테이트 빌딩과 영화의 메카 유니버셜스튜디오가 일본 자본의 수중에 들어갔을 때, 이 리조트와 골프장의 주인도 일본인이었습니다. 미국의 골프 경기 중 가장 권위 있는 US오픈 제20회 때가 골프장 건립 100주년 되는 해였는데, 자국 자본의 골프장에서 시행하는 경기를 보기 위해서 다섯 사람이 매입을 결정했다고 합니다. 그 사람들이 앉았던 의자가 아직도 로지(Loge) 호텔 앞에 기념으로 보존되고 있다고 합니다.

아무래도 다섯 사람이 앉아서 의견을 나눈 자리라고 하기에는 너무 협소해 보입니다. 그때 참석한 다섯 사람 중 한 사람은 현재 이 리조트의 책임소유자인 골프계의 전설 아놀드 파머(Arnold Palmar)였고, 또 한 사람은 이곳 출신이며 서부영화의 대명사 격이었던 클린트 이스트우드(Clint Eastwood)였다고 합니다.

사실 의자는 애지중지하거나 기념이 될 만한 모양은 아닌 것 같아 보입니다. 그러나 의자의 외형이 문제가 아니라 민족의 자존감이라는 정신이 담긴 것입니다. 이 골프장이 일본 자본의 지배 구조에서 벗어났다는 상징적인 의미가 있는 것이라 보여 우리나라의 일제강점기가 떠오릅니다. 일제의 탄압에서 벗어나 해방되었던 우리나라 사람들의 마음의 저변과 유사하였으리라 생각하니, 다른 나라 사람들이 이 의자를 보고 느끼는 것과는 다른 기분입니다. 일부러 사진을 찍어 이 책에 싣습니다.

1번 국도를 끼고 가는 환상의 17마일 코스는 자동차로 다니는 도로 주변의 경관이 아름다워 붙여진 이름입니다. 자연이 주는 풍경과 인간이 만든 조화로운 건축물이 잘 융화되어 붙은 이름인 듯합니다.

해안길 1번 도로의 17
마일은 한쪽은 생태계가
그대로 잘 보존된 청정
지역입니다. 바다표범도
볼 수 있고 새들의 바위
라는 기암괴석이 해변가

를 누비는 관광객에게 한 폭의 그림을 선사합니다.

다른 한쪽은 고급 리조트와 골프장으로, 잘 조성된 그린을 돌아볼 수
있었습니다. 도로 안쪽에는 매년 열리는 국제대회급 경기를 위해 잘 가
꾸어진 골프 코스가 있고, 주위에는 영화사가 가깝게 있습니다. 게다가
할리우드 배우들의 별장이 있어 입구에서부터 당대 유명한 스타들의
그림자를 볼 수 있었습니다.

이 골프장은 골프장 기능 이전에 관광 자원으로서 더 유명하게 되었
습니다. 각종 메이저급 대회의 내장객 입장료와 광고 홍보비, TV 중계
료와 별장 관리비로 운영되어 일반 골프장과의 재원이 다릅니다. 골프
장의 가치는 메이저(major)급의 대회를 유치하여 성공적으로 개최한 횟
수와 회원권(멤버십) 가격을 기준으로 매겨지지만, 이 골프장의 회원권
은 정해진 게 없다고 합니다. 회원권의 매매와 등록은 약정된 회원들의
동의에 의한다고 하니 말입니다.

골퍼라면 누구나 한 번쯤 이 필드에 서보고 싶다는 꿈을 꿉니다. 골
퍼들의 꿈의 무대입니다. 다음 사진은 18번 홀입니다. 마지막 홀은 희
비가 교차되는 승부의 마침표를 찍는 장소입니다.

이 벙커 모양과 비슷한 홀이 있습니다. 101번 도로변에 롯지(Lodge)

호텔 입구에 마지막 승부처인 18번 샌드벙커 홀과 비슷하게 만든 모형
이 있습니다. 벙커샷을 할 수 있게 배려를 해둔 코스가 있습니다. 바쁘
게 가는 길이 아니라면 한 번쯤 대리 만족도 해볼 만한 곳입니다. 아니
면 현지에 와서 보는 것으로도 만족해야 되겠습니다.

4

금문교를 건너다
Golden Gate Bridge

다리의 이름이 금문교(金門橋, Golden Gate)인 것은 이 지대가 상시 안개가 끼기 때문에 안개가 끼어도 잘 보이라고 황금색으로 단장했기 때문입니다. 황금색 다리가 보이지 않을 정도로 안개가 짙게 끼면 사고를 방지하기 위하여 트럼펫 소리로 경고음을 울립니다. 이제는 그 음악도 유명해져서 이 다리를 더 돋보이게 한다고 합니다. 우리나라에서는 이러한 정서에 영향을 받아 "샌프란시스코에서는 머리에 꽃을 꽂으세요!"나 "샌프란시스코야 태평양 로맨스야!" 같은 금문교를 동경하는 가요 가사도 유명세를 떨쳤습니다.

이번 여행에 참가한 준프로 님은 닉네임만 '준프로'이고 여행의 달인
으로 코스 기획의 진정한 프로였습니다. 처음부터 이 여행을 기획하고
현지에 와서도 몸소 실천까지 앞장선 기획의 달인답게 많은 도움을 주
셨습니다. 그런데 금문교를 앞에 두고 무슨 심술을 부리는 것인지 똥개
훈련하듯 시험 코스를 거쳐야 했습니다. 바로 다리를 건너가면 될 터인
데 건너편 금문교(禁門橋)를 바라볼 수 있는 전망대까지 올라가서 관망
하고 난 뒤 다시 바닥까지 내려왔다가 다시 올라가자고 했습니다.

오르막 내리막이 힘은 들었지만 다녀오고 나니 건너편 샌프란시스코
시내 쪽을 보는 것과 위의 전망대에서 보는 것은 확실히 달랐습니다.
좋은 볼거리를 알뜰하게 찾아서 선사하려는 정성에 감사한 마음이 들
었습니다. 해수면에서 올라가는 오르막 230m의 예사롭지 않은 업힐은
미시령 고개 하나 넘는 듯 힘이 들었습니다. 짧은 거리에 오르막이라
숨이 막히고 입술이 타들어 갔습니다. 이런 과정을 겪지 않았다면 그냥
그림으로 보는 것과 다르지 않다고 생각했을 것입니다. 어떤 것이든 값
어치를 지불한 것만큼 대접을 받는 것 같습니다. 230m의 오르막이 금
문교를 관광하기 위한 값이라면 힘들여 올라가기에 충분했습니다.

　　사진첩에 있는 노을에 찍은 사진이 황홀하게 아름다워 그 사진을 책
에 실을까 하였는데, 다리 위로 힘차게 달리는 우리들의 모습이 사진의
가치로 보는 것보다 행동의 가치가 더 뜻깊으리라 생각했습니다.

　　1933년 조셉 스트라우스(Joseph Strauss)의 설계로 착공하여 1937년
5월 27일에 완공한 이 다리는 총 길이가 2,737m, 폭이 27.4m, 높이가

227m, 최저 정점 높이가 67m로 항공모함도 지나갈 수 있는 조건으로 건설되었다고 합니다. 원래 이 다리 위로 자전거가 다닐 수 없게 되어 있었으나 우리들이 올 것으로 알고 2003년에 도로 폭을 개선하여 자전거도 다닐 수 있게 허용되었습니다. 기록으로는 길이가 2,737m라고 하지만 형님 말로는 자전거에 거리 표시가 그렇게 되지 않는다고 합니다. 현수교의 빔과 빔 사이의 거리를 자전거로 측정하면 1,280m입니다.

다리의 동편에 이 다리를 설계한 조셉 스트라우스의 동상이 세워져 있었습니다. 지금으로부터 85년 전, 태평양 연안 지역의 특성상 태풍이 불고 조수간만의 차가 크고 파도가 해일에 가까울 정도로 심하여 공사가 불가능하다고 했는데 한 건축가의 의지로 다리를 완공하였다는 것은 매우 기념비적인 일입니다. 이 다리를 공사하면서 미국이 대공황기를 이겨냈다고 합니다.

그때 당시 현수교를 잡고 있는 주케이블선의 지름이 92.5cm나 되고 그 케이블을 만드는 5m/m 강철철사가 2,757개나 들어갔다니 오늘날 우리나라가 터키 이스탄불과 유럽을 잇는 현수교를 지었던 것과 맞먹는 난공사를 그때 당시 이룩했다는 것이 경이롭습니다.

다리의 길이가 어찌 됐든, 우리는 미국의 갱 두목 알 카포네가 수감되었었다는, 바다 한가운데 있는 알카트라즈(Alcatraz) 감옥을 가깝게 볼 수 있다는 곳까지 내려가서 샌프란시스코의 해변을 라이딩했습니다.

이 다리가 견고하고 아름다워서 포르투갈 리스본의 4.25 다리는 이 금문교와 닮은 다리로, 금문교 설계자에 의하여 설계되었다고 합니다. 그 다리도 금문교와 같은 자살 다리라는 오명은 받지 않는지 모르겠습니다.

금문교를 투신자살 장소로 선택하여 죽는 사람은 매년 백여 명 이상이라고 합니다. 자살을 방지하는 대책으로 자살자의 신발을 수거해서 찍은 사진을 올리는데, 사람들의 마음을 안정시키고자 이런 방법을 쓰는 것이 자살을 방지하는 것인지 방조하는 것인지 모르겠습니다. 신발이 올려져 있지 않고 그림으로만 되어 있는 것은 신발을 신고 뛰어내린 사람의 표시라고 합니다.

다리의 미관을 해친다는 이유로 안전 그물망 공사의 시공 반대 시위가 있어, 공사가 중지되었다가 인간 생명의 존엄성이 우선한다는 판단으로 지금은 2025년 완공목표로 공사 진행 중이라고 합니다.

알카트라즈 섬(Alcatraz Island)

알카트라즈 섬은 연방 주정부의 형무소로 쓰였던 곳으로, 한번 들어가면 절대 나올 수 없다고 해서 '악마의 섬'이라는 별칭이 붙은 곳입니다. 빠른 조류와 7~10도의 차가운 수온 때문에 헤엄을 친다 해도 살아서 탈출할 수 없다고 알려져 있습니다. 모든 탈출 시도가 좌절되었을 만큼 워낙 악명 높은 감옥이었으므로 1962년 3인의 탈출 사건은 큰 화제가 되어 영화로 만들어지기도 했습니다. 실제 이들이 탈출에 성공했는지는 알 수 없습니다. 그 후 이들이 살았다는 증거도 없을 뿐만 아니라 익사했다는 시체도 없습니다. 식인 상어의 먹잇감이 되었을 수도 있습니다. 영원한 미제 사건으로 남아 인간 능력에 한계가 있다는 것을 보여준 이야기입니다. 하나 더 흥밋거리를 제공한다면 빠삐용

(Papillon)이라면 어떻게 되었을까 하는 의문입니다. 〈빠삐용〉 영화 속에서 인간 삶의 존엄성은 철저히 무시되는데 그 속에서 피어나는 인간의 숭고한 생의 의지를 그린 이 영화의 흥행 성공의 절대적인 원인은 이 형무소 이야기입니다. 영화를 보고 대다수 관객이 알카트라즈 형무소를 상상하게 되어 〈빠삐용〉 영화와 금문교의 유명세가 서로 상승 효과를 누린 것 같습니다.

연방 형무소가 된 이후 투옥된 이들은 주로 유괴범, 은행 강도, 탈옥 상습범 등 중범죄를 저지른 죄인들이었습니다. 마피아 두목 알 카포네와 머신건 켈리 등 악명 높은 흉악범들이 이 섬에 투옥되었으며 섬 내에서도 여러 건의 자살과 살인 사건이 있었다고 합니다. 감옥은 흉악범들을 수용했던 만큼 전부 독방이며 죄수가 말썽을 일으킬 경우 수감되었던 교정 독방도 공개되어 있습니다. 햇빛이 전혀 들지 않는 방입니다. 알 카포네가 감금되었던 독방과 알카트라즈를 탈주했던 3인의 수감자방이 인기 있는데 3인의 방에는 탈출을 위해 파냈던 벽의 구멍이 남아 있습니다. 희망자에 한해 30초 동안 독방 체험을 할 수 있게 해줍니다. 평범한 사람의 생활과 죄악을 범했을 때의 삶을 극명하게 대조시켜 체험하게 하는 상품도 있다고 합니다.

알카트라즈 형무소는 인간의 숨결이 스며들 수 없는 살아 있는 인간의 무덤같이 보입니다. 죄를 지었다면 어느 누구도 빠져나올 수 없다는 인상입니다. 인간 능력의 한계가 엄연히 존재한다는 것을 보여주고 선악이 명료히 구분된 치외법권, 그 밖의 또 다른 격리된 세상을 보여줌으로써 관광객이나 지나다니는 사람에게도 준법정신의 교육장처럼 느껴집니다.

1930년대 미국 대공황기, 극심한 사회 불안과 시카고를 주무대로 하는 갱단 세력은 경찰력으로 진압하기 힘들었다고 합니다. 이때 흉악범들을 알카트라즈에 영구 격리시켰는데, 갱 두목이었던 알 카포네가 이곳에 수감되어 생을 마감했다는 말도 있습니다. 알 카포네 일당이 밀조주를 팔았던 부둣가 선술집에 들려 위스키는 마시지 않았지만 음료수와 간식을 먹고 요세미티 국립공원으로 가는 자전거 길에 올랐습니다.

자전거 타고 다니는 세상에서는 인간이 그려놓은 한계의 선을 자유롭게 넘나들 수 있습니다. 다른 일반 사람들은 금문교가 지구의 반대쪽에 있어 자전거로 넘을 수 없다고 해서 금문교(禁門橋)로 알고 있지만 우리들은 금문교(金門橋)를 거침없이 넘을 수 있었습니다. 사과나무에 올라탄 두 바퀴의 자전거 세계는 한계를 초월할 마음만 먹으면 어떤 한계도 뛰어넘을 수 있습니다.

그렇다면 자전거로 못 가는 곳이 있느냐고 형님에게 물었습니다. 형

북미를 횡단하다

님은 이 지구상에 단 한 곳뿐이라고 하였습니다. 코로나도 문제가 되지 않고 산소가 희박하다는 히말라야 5,600m 고갯길도 문제가 되지 않고 눈 덮인 시베리아의 바이칼 호수도 문제가 없는데, 단 한 곳만 갈 수 없다고 합니다. 예전 티베트에서 만리장성을 종주하고 산해관에서 압록강만 건너 태백산맥을 따라 내려가면 자전거로도 3~4일이면 서울까지 충분히 도착할 수 있는데 내 부모 내 형제가 함께 사는 금수강산만이 지척에 두고도 갈 수 없는 곳이라, 자전거로 갈 수 없는 곳이 딱 그 한 곳뿐이라 했습니다.

팔
순
바
이
크

알카트라즈의 알 카포네

알 카포네는 영웅시되었나 봅니다.

헤밍웨이가 쓴 『노인과 바다』의 현장을 찾아가는 아바나 여행에서도 바라데로 해변가에 알 카포네의 별장이 있습니다. 그곳 주민들이 그 별장을 관광명소로 선전하여 수입을 벌어들인다고 하니, 갱 두목이 서민 생활에 해를 끼치지는 않았던 것 같습니다.

갱들의 폭력은 자기네들 세계에서 세력 균형 관계로 발생한 것으로 일반 시민에게는 폐를 끼치는 행동은 하지 않았는가 봅니다. 그들이 범한 범죄란 밀조주 유통, 즉 허가받지 않는 무허가 주류 판매와 유통망 확장입니다. 또 한편 국가에 대한 일종의 조세 저항이라고도 보입니다.

쿠바의 바라데로 해변가에서 마셨던 데킬라는 우리나라의 소주 맛에 근접하였습니다.

Yosemite National Park

2장

여기 누가 없소?

레이니어 호수에서

비워두고 기다리는 자리입니다

언제나 모자랄 듯도 하고
언제나 남을 듯도 하지만
내 옆 자리는 항상 빈 자리가 있소
그 자리는 당신을 향하는 나의 마음이요.
당신을 향하는 나의 마음은
항상 이렇게 비워놓고 기다리고 있소
비어 있는 이 자리에
호숫가에 비친 나의 모습과
당신을 향한 나의 마음을 고이 접어 담아두겠소.

네 인생에 못다 한 모든 것도
풍요롭게 채워주는 것도 당신이었고
이렇게 빈자리를 만들어
궁하게 만들어 주는 것도 당신이기에

이렇게 비워 놓고 있는 빈자리는
항상 채워주기를 기다리는
당신을 향하는 나의 마음이기에
언제나 당신 몫으로 남겨 있는 것이요.

1

요세미티 국립공원

Yosemite National Park

　정상적으로 큰 사과나무는 성목이 되었을 때 150kg에서 200kg의 무게만큼 사과를 달 수 있습니다. 지나치게 달려서는 안 됩니다. 나무란 놈이 자기 힘보다 많은 양으로 접과되었다 하면 귀신같이 알아서 항변하는 뜻으로 낙과(落果)라는 자기 보호의 수단을 씁니다. 품을 수 있는 전체의 양은 개수의 개념이 아닌 무게의 개념으로 가늠합니다.

　수가 많이 달리면 개체가 실하지 못하고, 능력으로 충분히 감당할 수 있는 적당한 수로 달릴 때는 충실한 열매를 제공합니다. 여기에서도 인

과응보(因果應報)의 법칙이 적용됩니다. 초봄부터 영양분 있는 거름으로 몸을 튼튼하게 가꾸어주고 목이 마를 때에는 때 맞춰 물을 주면서 주위에 못된 벌레나 질병으로부터 지켜만 주면 자기가 받는 만큼 빨갛게 예쁘고 충실한 열매로 혹은 노랗게 여문 모습으로 되돌려줍니다. 반평생, 나무와 나는 인과응보(因果應報)의 교감을 말없이 이루어왔습니다.

오늘 저는 그렇게 나무 키우는 마음으로 출발에 앞서 무겁지 않도록 짐을 챙겼습니다. 뒷 가방에는 침구 용품을 싣고 앞의 가방에는 자주 쓰는 짐을 쉽게 찾아 쓸 수 있게 실었습니다. 이것저것 옮겨 실었지만 사과 10상자 무게가 되지 않을 정도로 무겁지 않을 만큼 실어서 오늘은 이놈에게 덜 미안하다는 생각이 듭니다.

어제 밤에 제가 팀을 위해서 할 수 있는 일을 찾아봤습니다. 아무리 찾아봐도 제가 도울 일은 한 가지도 없었습니다. 텐트 접고 침낭 손질하는 것은 개인의 프라이버시 영역이라 손댈 수 없고, 밥 하고 반찬 만드는 것은 이미 당번이 정해져 있어 넘볼 수 없는 경지의 일입니다. 기껏 할 수 있다는 일이 물 떠오고 설거지하는 일인데 이것 역시 어슬렁대다 보면 빼앗길 위기라서 정신 바짝 차리고 지켜야 했습니다. 이 일도 원래는 일지매 님이 전담하는 일인데, 마침 일지매 님이 빠져서 나에게 일이 돌아와서 다행이었습니다.

어제 현수막을 적당하다고 생각한 곳에 걸었더니 또 한 가지 교육을 받았습니다. 현수막이란 타인에게 경계의 표시이고 이 여행팀의 상징이며 단체 사진 찍을 때 배경이 되는 것이기도 합니다. 그래서 내일 아침 이 장소를 떠날 때 이별하는 증표를 남기려면 빛이 잘 비치는 장소여야 하므로 해 뜨는 방향과 천막의 위치, 피사체의 소재를 감안한 곳에 현수막을 설치해야 했습니다.

자캠(자전거와 함께 하는 캠핑)이란 자전거 타고 다니다 해 떨어지면 적당한 공간을 찾아 헝겊집(텐트)을 짓고 취사장 차려 밥 짓고 물 데워

반찬 만들고 배불리 먹고 자면 되는 줄 알았습니다. 그러나 이 생활 속에도 규범이 있고 일의 질서와 격식이 있다는 것을 알게 되었습니다.

배워나가는 과정이 다른 일과 달라 참 재미가 있어 좋습니다. 주입식 교육도 아니고 선택 과목이나 논술 과목도 없습니다. 배우고 싶으면 배우고, 말고 싶으면 말면 됩니다. 모든 것이 자율과 협동이 밑바탕이 되어 서로 배려하는 따뜻함이 항상 흐르고 있어 이 자캠 생활에 미친놈이 되는 것을 이해했습니다.

형님, 나도 덜 미쳤을 때 빠져나오는 것이 맞는 답입니까?
아니면 형님보다 더 미친놈이 되어야 답입니까?
대답하지 않으시면 이번에 집에 가서 처형님한테 물어봐야겠습니다.

자전거 위에서 가진 단상

미쳐도 곱게 미쳐야 된다고 했습니다.

미친놈이 곱게 미칠지 못되게 미칠지 어떻게 압니까?

미친놈이 되려면

미친 짓을 해야 되고

미친 짓을 하려면 생각이 먼저 미쳐 있어야 됩니다.

생각이 미치려면 가슴이 따뜻해야 된다고 했습니다.

가슴이 따뜻하려면

자기의 가슴을 내어놓아야 했습니다.

가슴을 내어놓으려면

아무것도 담겨 있지 않는 빈 가슴이어야 합니다.

그 빈 가슴만이

미친 짓을 할 수 있는 씨앗이 자랄 수 있기 때문입니다.

그 씨앗의 이름은 믿음과 사랑과 절제였습니다.

오른쪽 심장이 뛰는 곳에는 사랑을 심고

왼쪽의 냉철한 이성을 키우는 곳엔 믿음을 심고

복부의 따뜻한 곳에는 절제를 심어서

그 씨앗을 심었다고 움트기를 바라서도 안 됩니다.

가슴속에 담겨 있다는 것만으로도

반은 미쳐 있는 놈이 되어

언제나 미칠 수 있다는

그 하나로만이라도 미친놈의 행세를

할 수 있기 때문입니다.

아이들이 설날을 기다리며 몇 밤 자면 설날이 오느냐고 묻듯이 주행 거리 묻는 것을 오늘부터 그만두기로 했습니다. 모르고 가면 그만큼 더 속이 편해질 것 같았습니다. 이제까지 얼마나 달렸고 얼마나 더 가야 하는지 알고 있다는 것이 아무 도움이 되지 않았습니다.

몰라도 걱정할 것이 하나도 없었습니다. 제가 힘들면 다른 동료들도 힘듭니다. 인간의 한계는 거기에서 거기이니 제가 표준이라고 생각해도 됩니다. 제가 표준이 되어 사는 세상에서 무섭고 두려울 것이 있다면 나 자신뿐입니다. 자전거 길 위에서 한 꼭지의 고귀한 진리를 터득하게 되었습니다.

앞 사람의 엉덩이를 보고 가는 길이 좋았습니다. 제가 따라가는 대상이 있다는 것이 좋았습니다. 자전거 탈 때에는 성별의 차이도 없고 노소(老小)도 관계없습니다. 정해진 룰에 따라 함께 숨을 맞추어 나갈 수 있는 대상자, 그것으로 만족하였습니다. 처음에는 앞 사람의 엉덩이를 주행하는 방향의 키로 생각하고 따라갔는데, 한참 뒤따르다 보면 어느새 따라가는 대상이 아니고 타격할 대상물로 바뀌게 됩니다. 그러면 임전 태세의 자세로 굴러가는 자전거 바퀴에 기가 실립니다.

한참 정신없이 가다 보면 누가 먼저 자전거를 멈춰주기를 기다릴 때도 있습니다. 먼저 쉬어 가자고 하는 말을 꺼내기가 왜 그렇게 어렵게만 느껴지는지. 누구라도 먼저 쉬어 가자고 하면 다들 반가워하는 것이 이심전심인데도 제가 먼저 말하기는 쉽지 않습니다. 괜히 폐 끼치는 것 같은 선입견인지. 늙은이라는 소리 들을까 봐 걱정하는 자격지심일까요? 아직까지는 그런 대우를 받기 싫습니다.

서울에서 어느 동우회 때 일이었습니다. 10분도 못 가서 소변 보겠다는 사람이 있었습니다. 아마 전립선에 문제가 있는 사람인가 봅니다. 나는 모임에 나가서 그분이 있으면 일단은 안심이 되고 위안이 되었습니다. 단체로 하는 라이딩에서는 동료들 중에 나와 맞는 수준의 동료를 찾게 됩니다. 가장 허약해 보이고 이 팀에서 나에게 위안을 줄 대상자를 찾는 것입니다. 자기보다 허약한 사람으로 알고 있었는데 자기보다 능숙하게 대처하는 사람을 보면 당황하고, 대상자를 다시 물색해야 하는 경우가 생깁니다.

이런 경우 제가 동료들 사이에서 가장 허약한 사람이 되지 않기 위한 하나의 방법이라고 생각합니다. 하지만, 단체 생활에 피해를 주는 사람이 되지 않기 위한 궁여지책이기도 합니다. 어느 정도 능숙하게 되어 그 팀의 일원으로서 행동할 수 있을 때까지는 항상 연령의 핸디캡이 있어 어쩔 수 없이 생기는 자기 보호 방법입니다.

요세미티 국립공원 U형의 협곡 앞에서

요세미티(Yosemite)라는 말은 인디언(원주민)말로 회색곰을 뜻한다고 합니다. 회색곰의 수놈은 500㎏, 암놈은 그보다 적지만 300㎏나 됩니다. 공포의 대상이지만 개체수가 많지 않아 관광객에게는 위협이 되지 않는다고 합니다. 이곳은 레이니어 산과는 생태계가 달라 곰이란 놈의 먹잇감이 풍부하여 안전하다고 합니다. 혹시라도 곰을 볼 수 있는 행운이 있을까 여기저기 숲속을 보았지만 우리에게 그런 행운은 없었습니다.

국도에서 내려다보는 광경은 도로 표시판에 안내된 그림처럼 보입니다. 자전거가 아니면 근본적으로 효능 있는 요세미티 밸리 관광은 불가능에 가까워 보입니다. 밸리의 여러 코스를 관광할 수 있는 길은 있으나 이곳 지리를 잘 알고 있는 사람도 뺑뺑 돌다 나온다고 합니다. 자동차로는 힘들게 찾아가도 근접할 수 없을 뿐만 아니라 한쪽으로만 갈 수 있는 일반도로여서 한쪽 면만 눈으로 볼 수 있다고 하였습니다. 이럴 때 자전거가 한몫 톡톡히 합니다. 자전거는 주차장 찾을 일도 없고 걸어서 트래킹 하는 사람들과 교감도 나눌 수도 있으며 어디든 가까이 접근할 수 있어 구석구석 다 누빌 수 있었습니다.

신부의 면사포 같이 생겼다는 면사포 폭포(Bridal veil Fall)는 세계에서 다섯 번째나 높다는 3단으로 생긴 793m 폭포입니다. 자전거로는 물

떨어지는 데까지 가깝게 접근하여 땀에 젖은 몸을 시원한 물방울로 샤워할 수 있었습니다. 물기를 말리려면 사진에서 서 있는 좌측에 보이는 깨어지지 않는 바위인 엘카포션 록(El capotion Rock)이 500m 내에 있었습니다. 화강암으로 된 바위의 한 덩어리 높이가 188m나 된다고 하니 빨래 널 장소는 우리나라의 어느 치마 바위의 몇백 개나 되어 충분합니다.

사진에서 바위와 바위 사이를 봤을 때 협곡과 협곡 사이 표현이 U자 모양으로 생겼다고 해서 터널뷰(Tunnel view)라는 이름으로 소개된 것 같습니다. 자동차로는 어림없지만 그곳도 자전거가 다닐 수 있는 길이 있어 삽시간에 다녀왔습니다.

면사포 폭포(Bridal veil Fall) 밑에서
무엇이 만족해서 저렇게 미소를 지을까?
면사포 쓴 아가씨가 반가이 맞이했는가 보다.

요세미티 국립공원은 미국 최초의 국립공원으로 선정되어 많이 알려져 있습니다. 이름 그대로 '요세미티(회색곰)'다웠습니다. 건너다보면 만년설이 녹아 내려 만들어진 빙벽(Glacier Point)이 눈을 즐겁게 하고, 아래로는 머세드 강(Merced River)이 숲속으로 누벼 흐르고 흘러 마음을 포근히 감싸주고, 뒤로는 하프돔(Half Dome)이 웅장한 모습으로 든든히 지켜 서 있었습니다.

이 모든 관광 포인트를 한 곳 한 곳 세밀하게 보려면 하루 해가 모자랐습니다. 하프돔 등정은 사전 예약해야 합니다. 하루에 오를 수 있는 인원이 제한되고 오르기 전에 엄격한 심사를 거쳐야 한다고 해서 대다수의 사람은 눈으로 보는 것으로 만족하는 것 같습니다. 우리같이 자전거를 타고 다니면서 관광하는 사람들은 그런 대로 하프돔(Half Dome) 가장 가까운 곳까지 접근할 수 있다는 것이 자전거 여행의 장점이라 하겠습니다.

이 요세미티를 가장 돋보이게 하는 것은 웅장한 바위산과 그 산 사이로 떨어지는 폭포입니다. 천년설(Glacier Point)이 쉴 새 없이 녹아내려서 만들어진 잔잔한 호수도 한몫하지만 무엇보다도 요세미티에서 빼놓을 수 없는 것은 하늘을 뒤덮은 세콰이어 나무(Sequcias tree)입니다.

지형적으로 암반이 많고 토양이 부족하여 뿌리가 깊게 자라지 못하는 나무는 뿌리를 박고 수분을 섭취해 자라기에는 부적당합니다. 그런데 세콰이어 나무는 뿌리에서 수분을 섭취하는 비중이 30% 정도이고 나머지는 줄기나 나뭇잎에서 수분을 섭취한다고 합니다. 줄기에서 섭취하는 양이 많아 수분을 머금은 안개가 덮여 있는 시간이 긴 이곳은 세콰이어 나무가 자라기에 적당한 곳이라고 합니다. 뿌리는 나무의 무게를 감당하기에도 무리라서 바람으로부터 서로 막아주며 의지하여 자라다 보니 밀집해서 자랍니다.

또한 서로 많은 수분을 섭취하기 위해 경쟁적으로 위로만 크다 보니 키가 가장 큰 나무의 높이가 83m나 되고 나무의 둘레가 10m나 된다고 합니다. 나무의 생존기간도 2,500년에서 3,000년에 이른다고 합니다. 단순히 나무를 넘어서 한 시대의 역사를 보는 듯했습니다. 죽은 나무에 구멍을 내어서 승용차도 다닐 수 있게 만든 터널뷰(Tunnel view) 길을 자전거로 통과해봤습니다. 솔방울도 나무에서 떨어질 때 맞으면 치명상을 입을 수도 있다고 해서 조심해야 했는데, 크기가 작은 럭비공만큼이나 크고 물을 저장하기 위해 껍질도 두꺼웠습니다.

저도 나무와 70년 동안 살아왔지만 이 거목은 나무라고 이름 붙일 수 있는 한계를 넘은 하나의 장엄한 신전과 같았습니다. 나와 동고동락하

는 나무는 이 나무에 비하면 하나의 가느다란 줄기도 되지 않는 연약한 화초 같은 존재였습니다. 그 화초 같은 식물에도 존엄한 생명력이 있다는 것을 우리는 모르고 지나칠 때도 많습니다. 생명을 중시하는 환경론자는 이런 거목을 보았을 때 자기가 보호해야 할 대상물이라고 생각할까요? 어떤 방법으로 보호할 것인지 듣고 싶습니다. 이런 나무의 생존여부는 신의 영역이라는 생각이 들기 때문입니다. 그 신의 영역에 우리 인간들이 감히 이런저런 사유로 간섭할 수 없어 보입니다. 우리는 그것을 지난 2017년 8월에 일어난 캘리포니아 산불을 보면서 느꼈습니다. 인간이 할 수 있는 일이란 자연의 섭리에 비하면 아주 작고, 자연 앞에서 인간은 자기 생명을 지키는 것도 힘겨움을 겸허히 받아들여야 했습니다. 이런 대자연의 섭리가 있으니 우리 인간들에게도 주어진 역할이 있을 것입니다. 그 역할에 충실하면 됩니다.

저는 늘 미안한 마음으로 나무를 어루만지고 쓰다듬으며 살아왔습니다. 저는 나무에 열매를 달리게 하는 나무 농사를 짓고 있습니다. 뿌리는 만큼 거둬들이는 것이라는 이기적인 셈법으로 약을 치고 거름도 줍니다. 이런 행위는 냉철하게 말해 더불어 사는 것이 아니라 착취하는 것이라는 생각이 들어 늘 조심스럽게 접근합니다.

사과나무 위에 자전거를 올릴 때의 마음은 인간이 가진 끝없는 욕망과 주변을 돌아보지 않는 자기중심적이고 자기지향적인 삶의 방식에서 탈피해 조금은 저를 제약할 수 있다는 마음입니다. 나무와 나무를 접붙이듯이 저와 나무를 접목하여 저도 나무화되어 함께 살아보고자 하는 나무와 더불어 살아왔던 칠전팔기의 신념으로 여기까지 왔습니다. 어제도 나무 위에 자전거를 올려놓았습니다. 착과(과일이 달림) 되었을 때 제 힘에 부담되지 않은 무게로, 그래도 여유롭게 움직일 수 있도록 힘의 여지를 두고 가볍게 싣고 이 자리까지 무리하지 않고 왔습니다.

우리 식물들에게도 애정을

이번 코로나 바이러스 발생도 밝혀진 바는 없지만 발생 원인이 동물이라는 이야기가 있습니다. 요즘 세계에서는 동물들의 권리도 중요하게 여겨 보호하려는 여러 움직임이 있습니다. 여러 가지 법이나 제도를 연구하고 개발하고 있습니다. 이런 관심을 식물에게도 나누어주면 좋겠다는 바람이 있습니다. 제가 나무 농사를 생업으로 해서 하는 말이 아닙니다.

동물은 움직일 수 있고 소리를 내고 몸으로 의사를 표현할 수 있지만 식물은 그렇지 않습니다. 식물은 소리도 내지 못하고 몸도 움직이지 못하니 고스란히 앉아서 인간이 뿌린 잔인한 것을 모두 수용하고 있습니다. 오히려 인간의 존재를 유지할 수 있는 절대적인 조건인 맑은 공기를 제공하고 병균 등 질병의 근원을 치유하고 있을 뿐만 아니라 나무가 가지고 있는 모든 것을 아무 조건 없이 인간에게 헌신하고 있습니다. 달리는 열매부터 뿌리, 몸뚱이까지 아낌없이 주는 나무에게 인간의 애정과 관심을 쏟아주었으면 하는 바람입니다.

나무야!! 나무야

송원락

자전거와 함께 하는 일에는

무엇 하나 부족함이 없었습니다.

자전거 바퀴 위에서 듣는 소리는

사과나무와 나누는 이야기가 되어

새소리 물소리와 함께 하게 되어

흐르는 바람 소리에

이 소리를

무엇 하나 부족함이 없었다고

나무는 나에게 속삭이고 있습니다

내일도 모레도

실려 보낼 바람 소리에게도

오늘의 새소리와 물결 소리는

언제나 변함없이 굴려드리는 소리로

나무 위에 올라타서 하는 소리는

변함없는 자전거 이바구가 되어

그 바람 결에 실려 보낼

이바구를 나눌 사람이 있어 좋습니다.

나무야 나무야 우리 나무야!!

자전거 타고 여기까지 온 힘은 사과나무에 올라탄

자전거 이바구 힘이었습니다.

팔
순
바
이
크

초대받지 않은 손님

오늘 저녁 식사에는 불청객이 하나 늘었습니다. 고단한 잠자리에 밤참 동무하려는지, 뿔이 없는 것을 봐서 암놈인 것 같습니다. 두리번거리는 것이 누구를 찾는가 봅니다. 처음에 나이가 많은 제가 나가봤을 때도 신경쓰지 않고, 그다음에 이 사람 저 사람 나가봐도 거들떠보지 않더니 이중에 제일 잘생기고 제일 젊은 선바위 님이 가까이 가니 눈 맞춤을 합니다. 어딜 가나 여복 있는 놈은 표가 나나 봅니다. 사슴은 선바위 님이 제일 위험한 인물인 줄 모르는 모양입니다.

형님이 이야기해주기를, 몇 년 전에 히말라야 여행할 때 먹을 것이 없어 피골이 상접한 적이 있다고 합니다. 그때 바위산 옆에 서식하는 산양 한 마리를 해치운 적이 있었는데, 그때 해체 작업을 한 주역이 선바위 님이라는 사실을 말이지요!

칼도 있고 도마도 있어 마음만 먹으면 금방 해치울 수 있는 일촉즉발의 위험한 순간이라는 것도 모르는 모양입니다. 저 정도의 크기면 우리 식구는 두 끼 식사에 끝장낼 것 같습니다. 누구는 벌써 입맛 다시고 있습니다. 선바위 님의 마음이 변하기 전에 사슴이 도망가야 할텐데….걱정입니다.

이곳 휴양림은 자연보호가 잘되고 있는 것 같습니다. 어제 레이니어 캠핑장에서는 경고문이 있었습니다. 이곳에 곰이 많이 서식하고 있다는 내용이었습니다. 곰을 만났을 때 행동 요령과 퇴치 스프레이를 휴대하고 다니라고 쓰여 있었습니다. 일부 등산객이 휴대하고 다니는 것을 본 적이 있습니다. 그놈이 우리 양식이 되지 못하더라도 우리가 그들의 양식이 되지 않기 위해서는 냄새나는 음식물을 잘 보관하여야겠습니다. 이 일은 누구 담당으로 할까 생각하다가 형님에게 넘기기로 했습니다. 저는 내일 아침에 이벤트로 쓸 갈비 2대를 별도로 쟁여 두었습니다.

2

브라이스 캐니언

Bryce Canyon

아침이 밝아왔습니다. 상쾌한 아침의 맑은 공기 그리고 나무 위에서 실려오는 피부로 느낄 수 있는 청아한 새 소리와 합주되어 들려오는 바람 소리. 오늘 아침은 평소에 만날 수 없는 낯선 풍경을 실감나게 만났습니다. 낮에는 관광객이 몰려들어 그렇게 야단스러웠는데, 맞이하는 아침의 야영장은 숨소리도 들리지 않을 만큼의 정적 속에 고요를 맛보게 하였습니다.

예전에 자전거 타고 수없이 다녔던 그 길을 이곳에 옮겨놓고 생각해 보니 참으로 그립습니다. 그리운 것만큼 여행을 되짚어보는 지금의 순

어제저녁 먹고 남겼던 갈비를 들고 파이팅을 외쳤다!

간이 참으로 감사합니다. 좋았던 시절을 되돌아보는 이유는 이미 그 시간이 지나온 과거의 이야기이고 지금 내가 놓인 이 자리는 아름다운 내일을 위한 여행, 그리고 먼 훗날 그리워할 추억의 한 페이지를 써 내려갈 여행이 되리라 생각하기 때문입니다.

건배할 술잔이 없으니 대용으로 어제저녁 먹다 남은 갈비 두 대를 하나씩 들고 건배를 재창했습니다. 챙겨주는 마음이 이 갈비에도 묻어 있습니다. 살점이 더 붙어 있고 먹기 좋은 쪽을 형님 먼저 아우 먼저 서로 주거니 받거니 하면서 멋진 아침 건배를 하였습니다.

야영장에서 출발하여 선셋 포인트(Sunset Point)를 지나는 길에 벌써 많은 사람이 움직이고 있었습니다. 이들도 삶을 메마르지 않게 하기 위

브라이스 캐니언(Bryce Canyon)

하여 떠나온 용기 있는 사람들이니 축복하고 싶었습니다.

브라이스 캐니언의 높이가 2,400m에서 2,500m라고 해서 고도의 자각 증세가 있을 줄 알았는데 공기의 대류 현상이 좋아서 자전거 타고 간다는 감각 정도는 느낄 수 있는 수준입니다. 높은 고도에 있다고 하지만 태곳적부터 비나 바람으로 침식되어 만들어진 약 3만 개가 넘은 첨탑, 일명 후두(HooDoo)로 형성되어 있는 곳입니다.

이 캐니언은 유타주(Utah) 남부에 위치하고 있는 고원의 동쪽입니다. 가장자리부터 말발굽 모양으로 깎인 계단이 연속적으로 이루어져 천연 계단이 되어 있는 것 같습니다. 터키의 카파도키아(Cappadocia)와 같이 생겼지만 그쪽처럼 신비한 느낌은 덜합니다. 대신 규모 면에서는 비교할 수 없습니다. 또한 카파도키아처럼 깊이 들어간 움막 같은 곳은 없으나 비가 오면 피할 수 있는 경사면은 있었습니다. 이곳의 우기는 7~8월이라 관광하기 좋은 철은 우리가 온 6월 중순부터가 가장 적절한 시간이라 합니다.

이 지층이 처음 생겼을 때는 바다 밑이었나 봅니다. 바다 밑에 있을 때는 토사가 쌓여서 형성된 암석이 융기 현상으로 우뚝 솟은 후, 풍화 작용으로 토사가 깎이고 변하여 흘러내려서 첨탑이 만들어졌습니다.

북미를 횡단하다

이 첨탑이 브라이스 캐니언 전체를 이루고 있고 그 모양이 남성적이라는 자이언 캐니언이나 그랜드 캐니언과 달리 여성스럽고 섬세하여 '신이 만든 정원'이라 불린다고 합니다. 내일이면 자이언 캐니언부터 경험하게 되니 그때 찬찬히 대조해보기로 했습니다.

이곳은 태양의 어떤 각도에서 얼마나 밝은 색깔로 비치느냐에 따라 색이 변화되어 관광객들에게 볼거리를 제공합니다. 이 첨탑의 주재료인 암석 속에 포함된 다양한 광석 성분은 다채로운 색깔을 만들어냅니다. 시시각각으로 색이 변하는 산화철로 이루어져 붉은색과 노란색을 띠는 암석이 있는가 하면 망간 산화물로 이루어져 푸른색과 보라색을 띠는 암석으로도 보인다고 합니다. 2014년에 가보았던 중국 칠채산(七彩山)도 지층으로 이루어져 7색으로 변하듯이 이곳도 그런 류의 지층인 것 같습니다.

브라이스 캐니언의 본래 지명은 '그릇처럼 생긴 협곡에 솟아오른 사람처럼 생긴 붉은 바위'라는 뜻으로 원주민이 부르는 이름이었습니다. 그러다가 1870년대에 협곡에 농장을 세운 스코틀랜드 출신의 초기 정착자 에비니저 브라이스(Ebenezer Bryce)의 이름을 따서 '브라이스 캐니언'으로 불리기 시작했다고 합니다.

자전거나 차가 잘 보이지 않는 것을 보니 자전거와 차량은 입장이 되지 않는 것 같습니다. 차량은 차도가 없으니 당연히 불가능하지만 길의 몇 군데만 개선하면 아주 멋진 바이크 코스로 탈바꿈할 수 있어 보입니다. 자전거 코스를 만들지 않았다고 험담 한마디해야겠습니다. 다른 뜻이 있어서가 아니라, 주변 요세미티 국립공원과 그랜드 캐니언 같은 유명한 관광지와 연계되지 않으면 지층 하나 변하여 생긴 것을 보려고 사람들이 이곳까지 오지 않을 것이기 때문입니다.

3

자이언 캐니언

Zion Canyon

  아침에는 소갈비로 건배를 올렸지만 저녁에는 제대로 된 안주와 술로 축하 건배를 올렸습니다. 저는 어린아이 약 먹듯이 겨우 술 한 잔을 비우지만 형님은 항상 너무 지나치게 먹어서 탈이 됩니다.

  자전거 여행하면서 먹는 음식은 대체로 한국식보다 서양식을 선호하는 편입니다. 음식의 메뉴를 정할 때는 자전거를 타면서 자급으로 조리해서 먹는 음식에는 특별한 것을 기대해서도 안 되고 맛을 따져서도 안 된다는 생각입니다. 그래도 다음의 몇 가지 조건을 고려하게 됩니다.

첫째, 음식을 조리하는 시간입니다. 바로바로 뒷처리를 하고 달려야 하기 때문에 시간을 소중히 써야 했습니다.

둘째, 재료가 구하기 쉽고 가벼우면서 휴대성이 양호해야 합니다.

셋째, 가장 중요한 점입니다. 조리해서 먹다 남겨도 문제가 되지 않고 남긴 것은 다음 식사에 쓸 수 있어야 합니다.

이러한 조건에 맞는 재료를 구하면 면류와 육류가 선택됩니다.

대체로 저녁식사는 푸짐하게 먹는 편입니다. 메뉴는 밥을 선호합니다. 밥을 넉넉하게 하면 내일 아침 식사 준비도 끝입니다. 남긴 밥은 짐승들이 좋아하지 않는 것이라서 뚜껑만 잘 덮어두었다가 아침에 물만 넣어서 끓이면 어제 저녁에 시달렸던 위도 봐줄 수 있습니다. 게다가 그렇게 다음 날을 위해 음식을 남긴 통에는 음식물이 담겨져 있으니 그 날 설거지거리도 줄어든다는 이점도 있습니다.

〈한국인의 밥상〉이라는 인기 있는 TV프로그램은 음식을 주제로 하지만 한 차원 높은 '밥상 인심'이라는 것도 취재 대상이 될 수 있지 않을까 생각해봅니다. 모두가 배고팠던 시절에 배불리 못 먹는 역경을 겪어온 우리들의 밥상에는 그래도 인심이라는 것이 있었습니다. 밥 먹을 때 서로 한 숟가락이라도 더 챙겨주는 것이 그 시절을 살아왔던 우리들의 인심입니다. 그것이 미덕이었습니다. 이러한 마음 씀씀이가 자전거 탈 때의 밥상 인심과 어쩌면 똑같습니다. 일행 중에 이런 인심이 유별히 남다른 분이 있어서 항상 우리를 과식하게 만듭니다.

자전거 탈 때는 과식이라는 것이 없습니다. 든든하게 먹어도 한 굽이만 넘고 보면 '너 언제 먹었느냐' 하고 뱃가죽이 등가죽 보고 묻습니다. 항상 이럴 때를 염려해서 한 숟가락, 한 접시를 더 먹다 보니 보통 때에도 이렇게 먹는 것이 습관이 되었습니다. 그래서 평소에는 식탐을 부린다고 빈축을 사지만 자전거 탈 때만은 이런 말을 들어도 아무렇지 않습니다.

형님은 30여 년 전부터 당뇨라는 지병이 있었습니다. 당뇨라는 병이 있으면 생활에 발목이 잡힙니다. 일반인들처럼 습성대로 살 수 없습니다. 형님은 언제나 밥상머리나 술상 앞에 앉았을 때 기도하는 수도승의 마음으로 음식을 대했습니다. 인간이 가진 가장 기쁜 욕망을 충족하는 음식 먹는 장소와 시간을 항상 기도하는 마음으로 메꾸어 나갔습니다.

형님은 예전에는 신체를 깎아 먹는 약물에 의지하여 포장된 삶을 겨우 유지했었다고 말씀하십니다. 그래서 그 포장에 싸인 제약된 생활에서 탈피하고자 새롭게 살아갈 처방전을 만들기로 하신 것입니다. 형님의 처방전은 일반적인 처방전과 다른 성질의 것이었습니다. 병원에서 발부받는 처방전은 의사가 발부하는 것이지만 형님은 형님 자신에게 특별한 처방전을 주었습니다. 이제까지 살아왔던 기능과 모든 지식을 총동원하여 '감히 지켜나갈 수 있을까?' 하는 의구심마저 가져가면서 몇 번이나 다짐한 끝에 생명과 삶을 의탁하기에 충분하다고 믿어지는 처방전을 결정하셨습니다.

모든 약은 내성이 생기고 후유증이 생기게 마련입니다. 그 처방전에 기록된 것은 내성이 너무 심해서 문제입니다. 그래도 팔순의 나이에, 이 자리에 아무 탈 없이 오도록 30년 동안 심신을 지켜오셨고, 앞으로도 계속 지켜주리라 믿음을 주는 그 처방전은 형님의 생명을 지켜주는 수호신이었습니다.

그 처방전은 바로 자전거였습니다. 일반적으로 운동하면서 약효를 보장받을 수 있겠지 하는 막연한 희망으로 시작하면 건강을 보장받을 수 없습니다. 기왕에 탈 자전거라면 자전거에 무겁지 않을 만큼의 혼과 기를 넣어서 자전거하고도 이야기를 나눌 수 있어야 하고 스치는 풍경과 닥치는 바람하고도 정을 나눌 수 있어야 합니다. 줄기차게 행동으로 옮기는 과정은 잠자고 밥 먹듯 원초적인 생활의 한 단면이어야 했습니다.

형님은 그 영험한 처방전을 아무나에게 자주 발행하지 않습니다. 자주 발행하면 자신의 처방전이 약효가 없어질까 두렵기도 하지만 누군가에게는 양약이 극약이 될 수도 있다고 생각하시기 때문입니다. 다행히 형님에게는 양약이 되었습니다. 그 처방전이 가르치는 대로 잘 이용하여 약효를 느낄 수 있는 경지까지 가셨습니다.

초창기에 자전거를 타면서 '이것이 무슨 운동과 재미가 있겠나' 반신 반의하면서 하였습니다. 잘못 알고 행하는 자전거 타기는 자칫 노동과 운동이라는 양면성의 경지에서 벗어날 수 없게 됩니다. 단순히 신체의 일부분이 움직이는 근육 운동에 불가하게 되어 노동이라는 굴레를 벗어날 수 없게 되는 것입니다.

처음에는 형님도 새로운 세상을 구경할 수 있다는 재미 하나로 무턱대고 달렸습니다. 넘어지고 깨어지고 하는 동안에 생긴 상처만큼 혼이라는 것이 생기셨습니다. 그 혼이 상처만 치유하는 것이 아니라 새로운 삶으로 이어졌습니다. 그런 보람이 차곡차곡 쌓여 행복을 느끼게 하였습니다.

형님은 80을 바라보는 나이에 젊은 사람도 힘들다는 인간의 한계에 도전했습니다. 전문가도 몇 년을 준비하고 도전한다는 곳입니다. 자전거로 히말라야 에베레스트 베이스캠프 #1, 5,248m을 넘었습니다. 오지랖에 싸고 살았던 지긋 지긋한 당뇨병을, 약물을 써도 힘들다는 당뇨 고개를 히말라야 고개와 함께 넘었습니다.

형님은 '오늘도 이런 기상천외한 곳에 좋은 사람들과 함께 호흡을 맞춰 올 수 있었다는 것에 감사를 드리게 된다.'고 말씀하시곤 합니다.

　자이언 캐니언(Zion Canyon)은 붉은색의 퇴적된 암석으로 이루어
져 태곳적 지구 생성 시 수없는 세월 속에 자연의 변화로 씻고 깎이고
한 모습입니다. 오늘날 가파른 수직 절벽을 양쪽에 거느린 어마어마한
구멍이 햇빛도 비치지 않는 구멍을 이룹니다. 처녀로 왕위를 지냈던 영
국 여왕의 이름을 딴 버진 강(Virgin River)의 흐름에 바위가 여기저기
깎여 피라미드 형태로 만들어져 여기저기 흩어져 있는 자이언 협곡은
성스러운 분위기를 자아내고 있었습니다. 그레이트 화이트 스톤(Great
White Stone) 바위는 협곡 바닥으로부터 높이가 750m로 우뚝 솟은 바
위 기둥이 되어 있었습니다.

자이언 캐니언(Zion Canyon)

우리가 옛날에 즐겨본 서부영화의 주무대가 여기인 듯 그 영상을 다시 보는 것 같아 향수를 느끼게도 하였습니다. 챙 넓은 모자를 쓴 서부 개척자들이 말을 타고 바위와 바위 사이로 달리는 모습과 지금 제가 자전거를 타고 바위와 바위 사이를 다니는 것을 겹쳐 상상해봅니다.

그렇게 서부 개척자들의 모습을 상상하면서 주위를 돌아보고 다니는 동안 일행을 잃어버렸습니다. 잠시 잠깐 상념에 잠긴 사이에 광활한 벌판에 혼자 남게 된 것입니다. 자전거를 타니 2~3분이면 시야를 벗어나 일행을 찾을 수 없이 고립됩니다. 위안이 되는 것은 다른 길로 나갈 수 없으니 입구만 막고 있으면 어느 땐가 만날 순 있다는 것입니다.

나 혼자 고립되어 있다고 생각하니 이상하게 갑자기 배가 고파왔습니다. 나 혼자 여기에 버려졌다면 자전거로 협곡과 협곡을 누비며 자캠하면서 지낼 수 있을까 생각해보았습니다. 버진 강의 물로 밥을 지어 먹어가며 유목 생활과 병행한다면 얼마든지 이곳에서 살아갈 수 있겠다는 꿈을 꿉니다.

혼자서 여기에서 충분히 헤쳐나갈 수 있다고 자신하며 '찾아오든지 말든지' 하고 여유롭게 생각하지만 배는 왜 갑자기 고파오는지…. 문제입니다.

이 자이언 캐니언의 경치는 인간의 입으로 표현이 불가능합니다. 눈으로 가슴으로 담아 이야기한다는 것도 불가능하다고 느껴져서 사진도 찍을 수 없었습니다. 보이는 모든 것이 신비롭고 아름다웠습니다. 그냥 신이 만든 정원, 신들이 많이 살고 있는 계곡이라는 정도로만 알고 있어도 반은 알고 있다고 생각하면 됩니다.

계곡과 계곡이 이어지는 세계가 말로 형용할 수 없는 자연의 신비를 보여줍니다. 인간의 언어로 표현한다는 것이 이곳 풍경을 모독한다는 느낌마저 듭니다. 누가 평가를 하더라도 전부 거짓말에 가깝다고 생각이 들어 저는 진실된 인간의 이야기만을 하겠습니다. 그래서 인간의 손길이 닿은, 인간의 손끝으로만 만든 터널 이야기를 옮겨봅니다.

자이언 터널
(Zion Mount Carmel Tunnel)

자이언 터널 (Zion Mount Carmel Tunnel)

유타주에서 애리조나주 북부를 잇는 터널의 길이는 1.7km입니다. 이 터널은 1927년에 착공하여 3년 만인 1930년에 개통하였습니다. 공원의 경관을 해칠 우려가 있다고 해서 이 터널만은 화약을 쓰지 않고 착암기로 구멍을 뚫어 순수 인간의 힘으로만 만들었다고 합니다. 화약을 쓰면 가시적으로는 피해가 생기지 않는 것 같지만 산이 울리면서 금이 생길 수 있다는 것까지 고려한 시공 방법입니다.

터널의 규모는 양 차선으로 다녀도 충분해 보였지만 편도로만 사용합니다. 터널 내에서 발생할 수 있는 사고를 최소로 한다는 취지인 것 같습니다. 웃기는 것은 양방향의 도로 사용은 편도로 사용하여 한쪽에서 오는 차량의 마지막 차에 육상 경주에서 배턴 터치하듯 순번이 바뀌어 이어진다고 합니다. 산이 높아 터널 건너편과의 수신 장애가 있을 수도 있으니 확실한 방법으로 한다는 것이 조금은 불편한 아날로그 방식이 선택된 것이라고 합니다.

한국인의 밥상 인심

한국인의 밥상 인심에 이런 말이 있습니다.

'체면 차린다.'라는 말입니다. 담긴 밥을 다 먹지 않고 몇 숟가락 남겨 다른 사람을 배려하면 '체면 차린다'고 말합니다. 이것을 인격을 가늠하는 척도라고까지 생각했습니다.

또 '뒷북 친다.'라는 말이 있습니다. 남들이 다 같이 먹을 때 그냥 뒤쪽에 있다가 남이 다 먹고 난 뒤에야 먹는 사람을 보면 우리는 '뒷북 친다'고 말을 할 때가 있습니다. 어원은 장단이 다 끝난 뒤에도 북을 두드린 다는 뜻이지만 밥상머리에서는 부정적인 경우에 쓰일 때가 많아 좋은 뜻으로만 들리는 말은 아닌 듯합니다.

생각해보면 우리 어머님들이 항상 그랬습니다. 자식 입에 밥 들어가는 것을 보면 자기 배가 부르는 것 같다면서, 자식들 배를 다 채우고 난 뒤에 뒤늦게 남은 밥을 먹습니다.

4

세도나

Sedona

　세도나는 아리조나 남부에 위치한 붉은 사암으로 이루어진 작은 도시
로 인구 12,000명 정도의 세계에서 가장 기(氣)가 센 곳입니다. 그러나
치유의 도시, 휴양의 도시로 몸이 불편한 사람들이 많이 찾는다고 합니
다. 지금은 영감을 얻을 수 있는 장소로 예술하는 사람들도 특별한 감
성을 받기 위해 이 도시를 찾는다고 합니다. 시인이나 화가들이 많은
소재를 찾을 수 있다고 하지만 제 생각으로는 영상을 만드는 사람들도
이곳의 성 십자 예배당(Chaple of the Holy Cross) 주변을 많이 찾을 것
같습니다.

팔
순
바
이
크

여행길에 오른 지 이제 10여 일. 세계에서 가장 기가 센 곳에서 우리들의 육신과 정신을 더 가다듬고 마음을 한 번 더 다지려고 합니다. 기를 복원하여 재충전할 수 있는 최적에 장소에 와 있는 것 같습니다.

일행 중에 신심이 두터운 코베아 님과 선바위 님이 우리 일행들을 대표해서 남은 여정을 무사히 마칠 수 있도록 천주님에게 기원을 드리는 시간을 가졌습니다. 이곳이 소문난 대로 장수 마을이라 하여 할리우드의 유명한 배우들이 은퇴 장소로 선호한다고 합니다. 세도나를 소개할 때 서부 활극의 촬영 장소를 배경으로 한 그림이 많이 인용되지만 붉은 바위 위에 혼자 앉아서 노을을 바라보며 명상하며 기를 모으는 사진이 가장 인기 있게 보이는 것 같습니다.

예배당의 디자인도 특별했습니다. 가장 기를 많이 받을 수 있는 위치와 가장 해를 많이 받을 수 있는 입지를 찾아 설계를 하였다고 합니다. 안에 들어가보면 기만 많이 받을 수 있는 장소로 보이지 않습니다. 겉모양은 직사각형으로 각지게 설계되었으나 신도들이 기도 드리는 좌석은 건물의 본 바닥보다 낮은 자세로 안배되어 있어 평온한 안전감이 느껴졌습니다. 이곳은 종교 시설이라기보다는 건축물에 대한 예술품으로 보였습니다. 신앙을 가지지 않는 무신자라도 그냥 지나칠 수 없어 안에 들어가서 두 손을 모았습니다.

우리들이야 잠시 다녀가는 사람이니 그 영향을 느낄 수 없다지만, 세도나는 이 지구상에서 자연이 주는 자기장이나 전기장이 가장 강하여 인간의 신체상의 리듬이 깨어나는 자각 증세를 경험할 수 있다고 합니다. 우주왕복선과 우주정거장에 가는 로켓에도 이와 비슷한 전기장이나 자기장이 발생할 수 있도록 설치했다고 하니 첨단 과학기구에 사용한 것이라는 믿음이 갑니다.

우리들도 합동으로 기를 받을까 해서 자기장이 가장 세다는 곳에서 심호흡을 몇 번 했습니다. 지구의 땅속에서 가장 많이 나오는 에너지의 파장을 볼텍스라고 부른다고 합니다. 지구상에서 가장 센 볼텍스가 발생하는 21개 장소 중에 5개가 이 자리에 위치하고 있어 피라미드와 동

기를 옮겨준다는 레드 록 버튼(Red Rock Butoon)

일하게 취급된다고 합니다. 볼
텍스라는 용어가 전기관계에
쓰여지는 볼트(volt)라는 단위
와 연관이 있는 것이 아닐까 추
측해봅니다.

이 마을의 이름은 처음으로
부임한 우체국장 부인의 이름
이라고 합니다. 서부 개척 시대
당시에는 신생 마을이 생길 때
기억하기 좋은 이름을 사용한
것 같습니다. 다른 마을과 통신
수단은 우체국에만 있었을 테
고, 그러니 우체국 이름이 마을
이름이 되었을 것입니다. 그리
고 그 우체국 이름을 지을 때 우
체국장 부인이 특별한 영향을
끼쳤을 터입니다.

여행 중간 결산, 아쉬웠던 호스슈 컨트리 클럽

오늘까지 여행을 중간 결산해봅니다. 이제까지 다녔던 명소 중에 미흡한 것이 있었다든가 빠진 것이 있었다고 생각 드는 것이 있었다면 딱 한 가지를 들 수 있습니다. 이곳에서 5km 이내에 위치한 호스슈 컨트리 클럽(Horseshoe Country Club)에 가지 못한 것입니다. 붉은 사암으로 사막을 이룬 땅 위에 파란 잔디가 깔린 필드에서 라운딩하지는 못하더라도 그린을 밟아본다는 것만으로도 만족할 수 있었는데, 그런 시간을 가지지 못하였습니다.

호스슈 컨트리 클럽(Horseshoe Country Club)

이곳에서는 앞뒤 팀이 없이 바로바로 자유스럽게 그린에 나갈 수 있다고 합니다. 클럽도 렌트로 이용 가능하다고 합니다. 이런 골프 코스는 귀족들만 출입하는 코스와 달리 누구나 접근할 수 있는 퍼블릭 코스이며 붉은 모래 위에 파란 잔디가 설비된 것으로 희귀성이 있는 환경이라 이 지구상에 유일하다고 보입니다. 이런 필드는 밟아보기조차 어려운 것이라 그냥 지나치기에 아쉬운 곳입니다.

5

그랜드 캐니언

Grand Canyon

시집살이도 이렇게 힘든 시집살이는 없을 것 같습니다.

오늘은 좀 일찍 마치는 것 같아 검게 탄 얼굴이지만 서로 마주하고 조용히 이야기를 나눌 시간이 있겠다고 기대하고 있었는데, 이런 모습을 그냥 두고 못 보는 사람이 있었습니다. 한 치의 오차도 없이 늘 빈틈없이 기획하여 집행하는 준프로 님입니다. 시간이 남아도는 것을 그냥 못 보는 성미라 그동안 땀에 찌든 옷을 전부 가지고 나와서 세탁했으면 좋겠다고 합니다.

말이 씨가 된다고, 이곳으로 오는 도중에 맑은 콜로라도(Colorado) 강 물을 건너면서 "이런 맑은 물에 알탕도 하고 속 시원히 빨래도 했으면 좋겠다"고 하였던 말이 생각납니다. 그 말을 귀 넘어 듣지 않았나 봅니다.

빨래라야 별것 없습니다. 속옷은 매일 땀으로 젖으니 물에 넣었다가 건져내면 그것이 빨래가 되었습니다. 빨래 걸이는 현수막 끈이 제몫을 합니다. 오늘은 콜로라도(Colorado) 강물이 후버댐으로 들어가기 전에 한 번 검문을 거칩니다. 입은 옷을 제외한 모든 옷을 적시는 데 10분이 더 걸리지 않았습니다.

여행 중에 입는 의복이라 하면 일반 여행일 때는 많이 신경 쓸 부분이지만 자전거 여행은 특성상 짐의 무게와 부피가 절대적으로 중요합니다. 옷은 여행 기간 동안에 찢어지고 떨어지지 않으면 됩니다. 입고 있

는 옷 외에 갈아입을 옷 한 벌만 준비하면 충분하였습니다. 어떤 대원은 그것마저도 준비하지 않고 입은 옷 그대로 여행을 끝내는 친구도 있었습니다. 쇼핑이라는 즐거움도 겸해 현지에서 구입해서 보충한다고 합니다.

우리나라 의류가 세계적으로 질이 좋습니다. 자전거 타면서 입는 옷가지는 첨단 기술이 접목된 제품이라서 통풍성과 내구성이 겸비되어 있습니다. 별달리 쇼핑할 필요도 없습니다. 그렇지만 양말 몇 켤레 더 챙겨도 큰 무게가 되지 않고 전체 짐의 10%도 되지 않아 넉넉하게 준비한다 해도 몇 그램 정도 차이입니다. 조금 넉넉하게 준비해도 됩니다.

끝이 보이지 않는 넓은 광야에서 마음을 비워두고 자전거 페달을 밟고 갑니다. 이제까지 붉은 기둥의 돌탑 숲속에서 인간은 자연 앞에 하나의 작은 존재임을 깨달았습니다. 협곡을 뚫고 비치는 태양의 빛줄기와 함께 흐르는 콜로라도 물길에서 순수한 자연의 지혜를 깨우치는 느낌은 자전거 바퀴 위에서만 느낄 수 있습니다.

끝 간 데를 모르게 굴러가는 바퀴는 그린 강(Green River)과 산후안 강(San Juan River)이 만나는 두물머리에 도착하였습니다. 엄밀히 말해서 콜로라도 강까지 만나게 되니 셋물머리라 하겠습니다.

　그간에 붉은 사암으로 만든 협곡 길도, 광활한 초목이 우거진 평야도, 아무 생명도 자랄 수 없다는 황량한 사막의 길도 달리면서 자전거 바퀴가 자국을 남기며 굴러온 것처럼, 콜로라도(Colorado) 젖줄도 그냥은 흐르지 않았습니다. 오랜 세월 동안 침전된 지층 위에 융기로 갈라진 틈을 채워서 흐르는 강물은 많은 이야기를 실어와 희귀식물과 동물들의 서식지, 글렌 캐니언을 만들었습니다.

글렌 캐니언(Glen Canyon)의 본뜻은 협곡이라는 뜻으로 연결해서 쓰면 '캐니언 캐니언(Canyon & Canyon)'이라는 말이 되어 우리나라에서는 '역전(驛前) 앞'과 같은 느낌이 됩니다. 애리조나주와 유타주를 경계로 하는 나바호 인디언 보호구역인 모뉴먼트 밸리를 거쳐 나오는 동안 옛날 서부영화의 대명사 존 웨인이 주연한 〈역마차〉의 현장도 들러보고 〈황야의 무법자〉 주 무대도 자전거 타고 돌아봅니다. 자전거를 말 대신 타고 권총 대신 물병을 차고 다녔습니다.

그랜드 캐니언은 해발 2,100m의 고원에 위치하고 협곡 동서 간의 길이가 446km나 됩니다. 우리나라가 자랑하는 자전거길 아라뱃길의 인천에서 부산까지의 거리보다 더 길고, 깊이도 평균 1,600m라 하지만 우리의 시야로 확인할 수 없는 거리이며 폭은 15km에서 넓은 곳은 24km나 된다고 합니다. 상상이 되지 않는 협곡입니다.

지질학자의 말에 의하면 애초에는 퇴적물이 쌓인 편평한 평야였는데 지구의 융기로 인하여 갈라진 틈에 비와 바람으로 협곡이 생겼고, 그곳에 세월이 지나며 지층 변동이 계속적으로 일어나 틈을 만들었으며 그 틈에 강물이 퇴적물을 다시 실어온 것이 어떤 곳은 언덕을 이루기도 하며 이런 모습이 되었다고 합니다.

어떤 모습으로 변했든 그것은 콜로라도 강물이 만든 예술의 집대성, 그 현장이었습니다. 오늘날의 협곡이 이루어진 단면을 보면 강물이 상류에서 실어 온 재료에 따라 색깔과 성분이 달라서 빛이 비치는 각도에 따라 천의 얼굴을 가지게 되었습니다. 그 모양의 변화는 아직까지 계속되고 있는데 이는 지구의 운동이 계속되고 있다는 뜻이라고 합니다.

짜여진 일정이라 후버 댐(Hoover Dam)을 관광할 기회를 가지지 못하여 아쉬웠습니다. 자전거 라이딩 코스로 댐은 자전거 타면서 강 위로 떠오른 자연을 관망하고 다닐 수 있는 최적의 장소이기 때문입니다.

사실 강 위로 다니는 뚝방길이라면 우리나라만 한 곳은 없다고 자부합니다. 저는 자전거로 하는 여행을 지구의 한 바퀴를 날줄로 돌아봤고 이제 씨줄로도 반 바퀴는 돌아봤지만 우리나라만큼 자전거로 갈 만한 곳이 많은 나라는 없었습니다. 인천에서 시작하여 서해안 끝까지 가는 길에는 간만의 차이가 적당히 심하여 섬과 섬을 잇는 연육교가 많아 자전거 타기에는 최적인 코스입니다. 가히 세계적이라 하겠습니다.

코스의 좋고 나쁨의 기준을 어떤 배점 기준으로 봐도 우리나라 자전거 코스만 한 곳이 없었습니다. 코스의 난도, 거리, 풍향, 먹거리, 잠자리, 변화되는 자연의 풍경의 척도 등 모든 관점에서 봤을 때도 그렇지

만 당일 코스로부터 10일, 30일까지 날짜에 맞춘 루트로 식상하지 않을 코스를 설계하면 선택할 수 있는 폭은 더 다양합니다.

저는 여러 루트 중에 우리 팀이 명명한 '순.고.려'라는 맛 기행을 선호합니다. 순천, 고흥, 여수라는 세 도시의 머리글을 따서 준프로 님이 명명한 코스입니다. 매년 한두 번씩 다녀왔습니다. 지난해 코로나 와중에도 5박 6일씩 두 번이나 다녀왔습니다.

순천을 기점으로 고흥, 여수로 이어지는 남도의 정취를 남김없이 느낄 수 있는 코스는 고무줄 코스입니다. 11개의 섬과 섬을 이어주는 연육교를 즐기다 보면 같은 코스로 다닌다 하여도 3일부터 10일 코스까지 스케줄 디자인이 가능하다는 뜻입니다.

후버 댐의 본 기능은 수위 조절과 수력 발전, 수해 방지뿐 아니라 관광지로서의 면모도 갖추어 항시 관광할 수 있다고 합니다. 그러나 우리들 일정에 반대 방향인 것 같습니다. 준프로 님이 누굽니까? 조금의 시간만 있어도 놓치고 갈 사람이 아닙니다. 댐의 일반적인 기능만 알고 다음 목표로 출발하였습니다. 댐 건설의 주요 목적은 우기에도 강의 상하류 수위를 조절하는 데 있습니다. 댐 건설을 완료하고도 수량을 채울 때까지 10년이 걸렸다 하니 댐이 짐작할 수도 없는 엄청난 규모라는 것을 알듯도 합니다.

그랜드 캐니언, 글렌 캐니언은 깎아지른 절벽에 외길로 걸어가다 보면 현기증이 나고 오금이 저려 발을 옮겨놓기도 두려웠습니다. 추락 사고가 나면 시체도 찾기 힘들 정도로 위험한 곳으로, 매년 추락사고 사망자가 평균 12명이나 되고 실종자가 300명이나 된다고 해서 철저한 보안이 필요했습니다.

사람이 죽기 전에 꼭 가보고 죽어야 할 관광지 1위가 그랜드 캐니언이라고 합니다. 내방객 수와 관광지 규모, 인간에 미치는 영향, 자연을 보

호하는 미래 지향적 입지 조건 등 많은 항목으로 조사를 하는데 매년 부동의 1위는 그랜드 캐니언입니다. 그런 선입견으로 판단하지 않고 냉철한 감정으로 평가하여도 불만족한 것을 찾아볼 수 없었습니다.

우리 자전거로 캠핑하는 사람들이야 자전거를 탈 수 있는 여건이 되어 있고 잠잘 수 있는 장소와 물만 제공되면 더 이상 필요한 것이 없어서, 실은 만족이고 불만족이고 따질 일이 없었습니다.

저는 형님 때문에 큰 병을 얻게 되었습니다. 그 병은 종합병원에서 현대 의학 첨단 의술로도 고칠 수 없고 어떤 명약으로도 고칠 수 없는 병입니다. 그런 병을 나에게 전염시켰으니 어떻게 하여서라도 약을 준다고 했습니다. 병을 주었으니 이제 약을 줄 차례입니다. 잊어서는 안 될 업보로 아시고 약을 주시기 바랍니다.

그랜드 캐니언을 보여줘서 다른 것을 볼 수 없게 눈을 높여 놓았으니, 앞으로 어떤 것을 봐도 안중에 없게 되었습니다. 살아 있을 때 꼭 봐야 할 첫 번째 좋은 구경거리를 먼저 봤으니 나에게는 앞으로 무슨 풍경이든 어떤 물건을 보더라도 안중에 없게 되었으니 어찌하오리까?

그랬더니 형님이 말씀하십니다. 그런 걱정은 하지를 말라고 말입니다. 자전거 위에서 보는 관광은 어느 관광지이든 평준화된 시선으로 보기 때문에 좋고 나쁨이 없고 다만 있는 것은 여행 기간이 짧고 길다는 것뿐이라 했습니다. 얼마나 여행 기간이 짧고 길었느냐로 따져서 행복한 시간을 얼마나 가지게 되었느냐 하는 양의 문제이지 질은 문제가 되지 않는다고 했습니다.

사람이 가진 미적 감각은 같은 장소, 같은 시기일지라도 누구와 함께 보느냐에 따라서 달리 보입니다. 어느 계절에 어느 때인가에 따라서도 달리 보입니다. 그러므로 자기주관적인 관점이 있으니 어느 기준에서 감상하느냐에 따라 달라질 수 있습니다. 같은 관광지라도 자전거를 타고 와서 체험하는 것과 다른 교통수단으로 와서 보는 것은 다릅니다.

지나친 비유일지 모르지만 배가 고플 때 먹는 음식의 맛과 배가 부를 때 음식의 맛이 다르듯, 모든 사물을 인식하는 정도가 상황에 따라 편차가 있습니다. 그러나 자전거로 관광하며 가지게 되는 심미안이 특별하다는 것은 말로 표현하기 어렵습니다. 확인하는 방법은 어려울 것 없습니다. 자전거를 한번 타보면 알게 됩니다.

저는 별달리 특별한 일정이 없으면 매일 다니다시피 하는 3시간 코스가 있습니다. 계절의 변함이 있으면 있는 대로 없으면 없는 대로 매일 그 길을 가도 매일 다른 느낌을 받습니다. 오늘 부는 바람과 내일 부는 바람이 다르듯이 보이는 광경도, 같은 나무에 피는 꽃도 시시각각으로 변하여 맞이하는 모습이 달라집니다. 오늘은 오늘대로 이야기가 있고 내일은 내일대로 이야기가 있어 그 이야기를 듣는 재미에 매일 찾게 됩니다.

자동차로는 같은 장소에 두 번 세 번 관광할 수 없을 것입니다. 눈으로만 보는 구경에 지나지 않았기 때문입니다. 그러나 자전거로 하는 관광은 피부로 느끼는 체험이기 때문에 시시각각으로 변화하는 것을 몸으로 느낍니다.

다시 한 번 그랜드 캐니언을 찾을 행운이 주어진다 하여도 자전거는

팔
순
바
이
크

불가하면, 자전거로 그랜드 캐니언을 다니는 지금을 마지막 기회로 알고 소중한 시간을 감사히 받아갑니다. 혹시나 나 이외에 우리 일행 중 누구라도 나중에 그랜드 캐니언을 다시 찾아왔을 때 옛정을 잊지 말기를 부탁드리고, 옐로스톤으로 출발합니다.

북미를 횡단하다

Lake Powell

3장
한 자리 더 남아 있소

한 자리 더 남아 있소

누가 오고 싶어 하는 사람도 없는데
이 빈자리는
당신을 보고 싶어 하는 기다림이 있소
누구를 기다리든
누가 앉아서든
중간에 꼭 끼어들 이 자리는

옆에는 버티어줄
바위 같은 사랑이 있을 것이고
또 한 옆은 바람벽 같은
믿음이 서 있게 될 것이요

이 자리에서
다가오는 저녁노을은 믿음으로 대답할 것이고
반짝이는 별빛은 사랑으로 맞이하기에

여기 이 자리는
믿음과 사랑이라는 이름으로
당신을 맞이하는 단 한 자리가 되어
단 한 자리만이 남았을 뿐이요

1

호스슈 벤드

Horseshoe Bend

   우리나라에 낙동강 줄기에 흘러가는 물줄기가 돌아서 굽이쳐 흐른다
고 해서, 강 물줄기가 마을을 이룬다는 뜻에서 하회(河回)마을이라고
불리는 곳이 있지만, 이곳 호스슈 벤드(Horse Shoe Bend)는 굽이쳐 흐
르는 강의 모양이 말 발굽 모양이라 이름을 붙였다고 합니다. 그러나
호스슈벤드는 하회마을과 규모 면에서 달랐습니다.

   지구의 융성으로 생긴 틈바구니에 설산에서 눈이 녹아 생긴 물과 강
물이 합쳐져 후버 댐(Hoover Dam)을 이룬 콜로라도 강줄기가 말발굽

편자를 이루었습니다. 말발굽 모양으로 흐르는 물길의 길이가 600m나 되고 갈라진 틈 사이 높이가 300m나 된다고 하니 육안으로 보는 것이지만 강둑의 높이는 물 깊이까지 측정된 높이인 것 같습니다.

호스슈 벤드를 이룬 강물 따라 생긴 협곡에는 가까이 다가가서 사진 찍으려는 관광객을 보호하는 안전장치가 없었습니다. 안전장치를 설치하게 되면 건설비와 관리비 등 많은 자원이 들고 자연을 해치는 대가를 치러야 되기에 위험한 장소를 그대로 노출시킨 것 같습니다. 게다가 관광객에게 절벽 가까이 가는 스릴을 맛보게 하는 의미도 가진 것이 아닐까 생각합니다. 즐기는 만큼 그에 합당한 대가를 치러야 된다는 아메리카 정신이라 하겠습니다.

경이로운 생명력(두 그루의 세콰이어 나무)

협곡과 협곡 사이에 떨어진 씨앗이 움이 터서 햇볕도 들지 않는 곳에서 크고 있었습니다. 직접 햇볕은 보지 못하리라 봅니다. 협곡의 높이가 깊은 곳은 120m나 되고 현재 나무가 자라나는 곳이 65m 지점이라고 하니, 바람에 실려오는 반사된 태양열과 습기를 머금은 이슬로 연명하며 커온 자연의 숨결을 보는 듯했습니다. 제가 너무나 감탄에 감탄을 하니 형님이 200m 거리에서 사진을 잡아냈습니다.

거리로 환산된 나무의 키가 30~40cm 정도 될 것 같았습니다. 나무 뒷부분에 하얀 잔설이 남아 있는 것을 감춰놓고 보여주지 않으려고 하였으나 사이로 살짝 보입니다. 나무가 먹어야 할 양식은 풍부하게 쌓아놓고 있는 것을 보니 걱정은 되지 않았습니다.

그 나무의 생존 기간이 2,500년에서 3,000년이라고 하니 그 긴 시간 동안 양쪽에 서 있는 협곡과 협곡 사이에서 어떤 타협을 이룬 자연의 순리에 따라 생명을 주고받는 거래가 이뤄질 것입니다.

현재 나무의 가지가 커온 지점까지 협곡이 감싸주는 듯이 보였습니다. 이미 양쪽 협곡이 원만한 합의가 이루어진 듯합니다. 양쪽 협곡이 가지가 자랄 수 있도록 동그란 모양으로 자리를 내주었습니다. 나뭇잎과 가지의 풍화 작용이 일어난 것일 것입니다.

나무가 자랄 수 있는 3대 요소 중에 어떤 것도 충족되지 않는 환경에서 자라고 있었습니다. 동화 작용에 필요한 태양의 빛은 캐니언의 벽으로 두껍게 막혀 있어 태양의 복사열만 기대할 수 있었습니다. 뿌리에서 흡수하는 수분은 빗방울이 떨어질 수 없는 협곡 안에 있어 불가능해 보이고 기대할 수 있는 것은 물기를 머금은 안개가 유일해 보입니다.

척박한 환경에서 생존할 수 있는 것은 양 벽에 옹립한 캐니언뿐이라, 자연은 자연스럽게 스스로의 생존을 맡겨야 되었습니다.

팔
순
바
이
크

2

파웰 호수

Lake Powell

　지금까지 보고 왔던 미 서부 국립공원은 자연 그대로 두면서 적당한 곳에만 인간의 능력을 더한 곳들이라서 자연의 웅장한 모습만 보고 인간의 능력으로 만든 조형물은 보지 못하고 왔습니다. 그러다가 이곳에 와서는 그러한 아쉬움을 불식시키기에 충분할 정도로 엄청난 호수를 보게 되었습니다. 대자연과 함께 공존하는 호수가 또다른 미국의 모습을 보여주었습니다.

　아침에 서둘러 재촉하는 바람에 밥을 먹는 둥 마는 둥, 밥이 코로 들

어가는지 입으로 들어가는지 모르게 밥을 목구멍에 쏟아붓고 왔습니다. 준프로 님이 서두를 때는 분명 이유가 있습니다. 밥도 위 속으로 채 내려가지 않았는데 자전거 위에 올라타기를 독려하기에 '무슨 일이 있어도 큰일이 있겠구나' 하였습니다.

그랬더니 예측하기로는 오늘 라이딩 거리가 100km 이상인데 저녁 해 지기 전에 파웰 호수에 도착하여야 석양 노을을 볼 수 있다고 합니다. 얼마나 대단한 것을 볼 수 있을까 하면서 바퀴 돌리기에 온 힘을 다했습니다. 전달된 무거운 발길만큼이나 넘어가는 저녁노을의 풍경이 알아주려나 했습니다.

존 웨슬리 파웰이 1869년 이곳에 근무할 때 그랜드 캐니언을 탐험한

최초의 탐험가라고 합니다. 콜로라도 하류에서 상류를 탐험한 기록을 미 의회에 상정하여 자연을 보호해야 한다는 데 많은 호응을 이끌어내 강 상류를 보호하기 위해 강물의 흐름을 조절하는 파웰 호수를 만들게 되었다고 합니다. 세계에서 두 번째로 큰 담수 호수입니다.

1979년에 세계 자연보호 유산으로 등록되어 원주민 인디언인 호피족과의 갈등도 있었지만 개발을 진행하는 가운데 피할 수 없는 부작용을 감수하며 오늘날 지구의 고귀한 자산으로 남을 수 있었다고 합니다. 우리 같은 자전거 라이딩 하는 사람에게도 감명을 주어서 감사하고, 의미 있는 여행길에 자전거에 올라타고 있다는 것도 영광스럽게 생각하고 있습니다.

호수의 길이가 300km, 둘레가 3,220km나 된다고 하니 우리가 41일간 자전거로 다닐 길과 거리가 맞먹는다고 생각하면 호수가 얼마나 큰 것인지 상상이 되지 않습니다.

크고 웅장하다는 것을 비유할 때는 세계에서 가장 크고 넓고 높은 것에 비유하게 됩니다. 그래서 보통 시베리아에 있는 바이칼 호수를 말하는데, 바이칼 호수가 담수량과 깊이는 세계에서 제일이라 하지만 크기는 이 호수에 미치지 않을 것으로 추측됩니다. 바이칼 호수 한쪽 면의 가장 긴 쪽인 서쪽에서 북쪽까지를 3일 동안 자전거로 간 경험이 있기 때문입니다. 다녔던 거리로 보면 이곳의 호수는 그의 10배 이상의 시간이 걸릴 것이라 생각합니다.

우리들이 아침 먹기에 바쁘게 시간 맞춰온 보람은 있었습니다. 저녁 노을에 둘러싸여 있는 협곡의 붉은 사암의 색깔에 비친 그림자가 물빛에 물들어 호수의 색깔도 둘로 나뉩니다. 푸른 색깔이 있는가 하면 붉은 협곡을 품은 붉은 색깔도 있어 더 아름답게 호수에 비치고 우리들 모습까지 붉은 색으로 물들어 서로 쳐다보는 얼굴에 장밋빛 웃음이 깃듭니다.

이렇게 아름다운 모습을 사실 그대로 표현하는 방법이 없을까? 카메라 렌즈를 이렇게도 표현해보고 저렇게도 해보지만 과학이 가지고 있는 기능이 한계가 있듯이 인간이 가진 감성도 한계가 있습니다. 그저 오늘 이런 모습을 한순간이라도 가슴속에 담아갈 수 있다는 것만 해도 선택된 사람만이 가질 수 있는 특권이라 생각했습니다. 이 시간에 이 장소에 인도하여 주신 동료 여러분에게 깊은 감사를 드리게 됩니다.

이런 장면에 대해 가치를 논하기에는 무식하고 무뢰한 놈이라는 소리를 듣게 되겠지만 이 한 장면만을 보게 된다고 해도 40여 일간의 노고가 아깝지 않다는 생각이 듭니다. 오늘은 오늘대로 이렇게 말하지만 내일 또 어떤 장면을 만나게 되면 내일은 내일대로 말을 번복하게 되는 여행이 자전거 위의 여정입니다.

남자들에게는 자전거 타는 데 가장 거추장스러운 육체적인 한 부분이 있습니다. 돌출된 중요한 부분이기에 오늘은 특별하게 더 다행스럽게 느꼈습니다. 매일 계속되는 심한 압박에도 잘 견디어왔지만 오늘은 쉼 없이 8시간 동안 안장 위에 목매어 달고 다닌 놈이 오늘도 무사하기를 빌었는데 아무 이상이 없었습니다. 이제는 부수적인 역할밖에 할 수 없는 가오리 연장 취급밖에 받을 수 없는 놈이지만 과거에 화려한 전력이 있었으니 미안한 감은 있습니다. 늘 번복되는 일과에 아무 불평 한마디 하지 않습니다. 자신이 유일하게 잘할 수 있다는 마지막 임무인 오줌도 잘 나오지 않을 때도 있었는데 걱정되었던 마음을 외면하지 않아도 되었습니다. 쉬 한 번 시원하게 콜로라도 강물에 보냈습니다.

3

글렌 캐니언

Glen Cayon

    파웰 호수처럼 글렌 캐니언 댐의 이름도 최초에 건설에 임했다든가 댐이 만들어질 때 연관된 글렌이라는 사람의 이름을 따서 붙여진 것이 었습니다.

    글렌 댐 주위에 가깝게 위치한 거대한 관광지(호스슈 벤드, 후버 댐, 세도나)에 비해 글렌 댐은 상대가 되지 않는 것 같습니다. 댐 높이는 216m나 되고 발전 등의 댐이 가지고 있는 고유한 기능이 있다고는 하지만 자연을 해치고 기여하는 존재감이 미약하다며 환경보호론자들은 아직까지 댐의 존재를 부정적으로 보고 있습니다.

글렌 캐니언 댐

과학 문명에 의해 인간이 만들어낼 수 있는 것도 있지만 이곳의 웅장한 자연의 모습을 보면 인간의 미약한 힘을 알 수 있을 것 같습니다. 이런 거대한 자연의 모습을 보면 이것은 신의 영역이지 인간의 힘이 미친 것이 아니라는 생각이 듭니다. 자연 앞에 인간이 한없이 작은 존재임을, 인간의 손으로는 감히 아무것도 할 수 없다는 것을 깨닫고 겸손하여야 된다고 생각합니다.

저는 70여 년 동안 사과나무를 통하여 나무와 소통하며 자연과 근접한 생활을 가지고 생활해왔고 앞으로도 나무와 소통하고 삶을 영위할 것입니다. 그리고 이제는 나무 위에 자전거를 올려놓을 수 있을 정도가 된 것 같습니다.

팔순바이크

왜냐하면 이제부터는 자전거에 올라타면 자연과 접목된 느낌이 들기 때문입니다. 자전거라는 기계는 나무와 접목이 되고 나무와 제가 접목되었으니, 이 삼각관계가 한 범주 안에서 함께 숨 쉬고 소통하고 있는 것입니다. 그리고 자전거 여행 루트에 모두가 올라 있을 때는 행복이 서로 간에 전이됩니다. 자연을 이용가치로 보았다면 이제 이곳 대자연의 품에서 자연을 보호의 대상으로도 삼아야 한다는 사실을 절실하게 느낍니다.

4

콜로라도의 밤

Colorado

벌써 집 떠난 지 한 달이 다 되어갑니다. 초승달이 뜰 때 출발하여 이곳에 왔으니 이제는 낮에 나온 하얀 반달이 되어 해님과 동행하여 서쪽 하늘로 지는 걸 보게 되었습니다. 유월 스무나흘(6월 24일)이 지나고 보니 신선놀음에 날짜 가는 줄도 모르고 지내왔는가 봅니다.

날짜 셈할 시간도 없었습니다. 먹었다 하면 달려야 했고 섰다 하면 잠자리 찾기 바빴습니다. 밤하늘에 솟는 달을 쳐다보는 것도 잊고 살아온 시간이 24일간이나 경과되어 달님도 낯설어할 것 같습니다.

처음 보낼 때는 쳐다보기도 싫다고 실눈으로 보내며 달이 차 보름달이 되도록 쳐다보지도 않더니, 이제 와서 서산마루에 해님과 동행하여 넘어갈 때 다시 찾으니 며칠 더 기다리면 떠날 때 보았던 실눈을 다시 여기에서 만나게 될 것입니다. 달이 차오르려면 아직 20여 일이 남았습니다. 그때에는 사과나무 위에서 밝은 보름달이 되어 맞이하겠습니다.

그간에 전해질 많은 이야기를 가슴에 품고 있다가 만나는 그날에 이야기를 나누어보자고, 모닥불이 피어오르듯 보고 싶은 마음을 그리움과 함께 불길에 실어 보냅니다.

멍 때리기

– 앉으나 서나 나무 생각에

송원락 지음

모닥불에 불꽃 피어나듯
그대를 향한 그리움이 피어납니다.
겨우내 모진 바람 속에 두껍게 입었던 옷도
그리움이란 이름으로 새단장하여주고

꽃이 피어 착과가 되면
분에 넘치게 세상 빛 보겠다는 칭얼대는 꽃 무덤을
그리움이란 이름으로 달래줄 것입니다.

새로운 세상을 엿보려고 가지에 새롭게 움트는 것도
 그리움으로 어루만져 훗날을 기약하게 자제시키고

찬란한 삶을 잉태하는 그날을 위해
그리움이란 이름으로 장본 보따리를 풀어 놓을 것입니다.

다시 만날 그날을 위한 나무 위에 자전거를 올려놓고
불러주기를 기다리는 그리움은 가득하여
그리운 정을 불길에 실어 보냅니다.

5

옐로스톤
YellowStone

어제 저녁을 과하게 먹는다 생각했는데, 그 결과가 드러납니다. 지나가는 자전거 바퀴 소리보다 방귀 소리가 더 크게 들렸습니다. 아무리 공기 좋은 청정지역이라지만 뒤따르는 사람 코 생각도 해주지 않고 연발로 싸대고 갑니다.

그 방귀가 로켓 추진 역할 하는 것처럼 자전거 달리는 데 영향이 있는 듯합니다. 밀어내는 선바위 님의 방귀 추진력은 대단했습니다.

오늘 아침 출발신호에 처음부터 지켜왔던 노약자 보호석, 이제 한 달이 가까워졌으니 지금부터는 사양할까 합니다. 가장 취약한 사람이 차지하는 선두 다음 자리는 노인들을 위한 노약자 보호석 같다는 생각이 들었습니다. 오늘은 그 자리를 벗어난 다른 자리로 바꿔보고 싶은 생각에 선바위 님을 뒤따른다는 것이 이런 변고를 당하게 되었습니다.

선바위 님이 줄기차게 달리는 힘의 원천에 방귀도 한몫한 것 같습니다. 힘들 때는 눈썹도 빼놓고 몸 안에 있는 오줌도 털어내고 간다는데, 가스를 발사하는 추진력을 이용한 그런 비장의 비술도 있다는 것을 몰랐습니다.

오늘 가는 주행거리는 어제에는 못 미친다고 하지만 약간의 오르막이 있으니 속을 든든히 채우라고 하여 오늘 코에 단 바람을 얼마나 나게 할까 하고 걱정 반 의문 반, 옐로스톤이 어떻게 생겼을까 하는 궁금증 반 걱정 반으로 벌 받을 학생처럼 달려왔지만 벌 받아야 할 장소가 나타나지 않았습니다. 그러니 근심 걱정을 더 안고 달려야 했습니다.

매도 먼저 맞아야 편하다고 마(魔)의 구간이 어디에 있을까 하고 자주 물으면 어린아이 응석 부리는 것 같고 허약한 자기 체질을 드러내는 것밖에 안 된다는 것을 빤히 알면서 궁금증은 어쩔 수 없습니다. 이곳의 산세를 보아 심한 고갯길은 없을 것 같은데 우리를 긴장시키려고 하는 말이었으리라 좋은 쪽으로 생각하고 위안을 가져봅니다.

콜로라도 강줄기를 따라가는 길은 어지간하리라 보고 그림 책자로 보았던 옐로스톤(YellowStone)이 어떤 모습으로 우리에게 나타날까 하는 상상의 그림을 그려봅니다. 그러나 고통을 감소시키지는 못했습니다. 죽기 살기로 달리는 힘은 모자라지만 제가 유일하게 남보다 견줄 수 있는 끈기를 유감없이 발휘해봅니다. 끈기라는 것이 기(技) 이전에 중히 여겨야 된다는 것을 유감없이 보여줘 선바위 님의 비술인 방귀를 무색하게 할 것입니다.

옐로스톤(YellowStone)

광대하고 아름다운 자연을 만끽할 수 있는 미국의 3개 주에 위치하고 있는 국립공원입니다. 전체 면적의 96%가 와이오밍(Wyoming)주에 속해 있습니다. 이곳도 지구의 융성 작용으로 수십만 년 전의 화산 폭발로 이루어진 화산고원 지대입니다. 마그마가 지구 표면에서 비교적 가까운 5km 깊이에 있어 그 결과로 다채로운 자연 현상이 나타나는 곳입니다. 그랜드 캐니언의 3배가 넘는 광대한 지역에 강과 호수, 산과 숲, 황야와 협곡이 펼쳐집니다.

우리는 뿜어내는 물줄기를 구경하기 위해서 가장 유명하다는 올드 페이스풀(Old Faithful)이라는 간헐천으로 갔습니다. 약 70분마다 40~50m 높이의 뜨거운 물이 솟아올라 약 4분 정도 지속된다고 해서 우리는 10여 분 기다림 끝에 구경할 수 있었습니다. 규모가 크고 규칙적이어서 관광객들이 즐겨 찾는 곳이라 합니다. 간헐천(Geyser)이란 주전자에서 물이 끓어올라 뚜껑 위로 증기를 내뿜듯이, 마그마에서 데워진 물이 솟아나는 물줄기입니다. 간헐천은 일정한 간격을 두고 뜨거운 물이나 수증기를 뿜어내는 온천으로 아직 화산 활동하고 있는 휴화산처럼 보였습니다. 이곳에 300여 군데가 있어 이 지구상에 있는 간헐천의 70%가 이곳에 있다고 합니다.

간헐천 사이로 사람만 통행할 수 있는 나무로 만들어진 다리가 놓였습니다. 걸어가는 잔교 밑에서 끊임없이 끓고 있는 물, 그 위를 걸어가면서 뿜어 나오는 증기와 물줄기에 화상을 입을 수 있다는 경고문을 보았습니다.

온천 중에는 매머드(Mammoth) 온천이 제일 유명합니다. 오랜 세월 유황이 덧칠해져 노란색을 띠는 계단식 바위 위로 온천물이 흘러내리는 장관을 볼 수 있습니다. 하지만 곳곳에서 배출되는 유황가스 때문에 역한 냄새가 날 뿐 아니라 호흡기 장애가 있는 분은 주의가 필요하다고 경고했습니다. 옐로스톤(노란 바위)이라는 명칭은 미네랄이 풍부한 온천수가 석회암층을 흘러내리며 바위 표면을 노랗게 변색시켜 붙여진 이름입니다. 1872년에 미국 최초의 국립공원으로 지정되었으며, 1978년 유네스코 자연유산으로 지정되었습니다.

산중 호수로는 북미 대륙에서 가장 큰 옐로스톤 호수는 평균 고도 2,400m에 있으며 호수 주변의 다채로운 식생과 맑은 호수의 풍경 때문에 사람들의 사랑을 받는 곳입니다. 옐로스톤 강이 호수로 흘러 들면서 300m 높이의 협곡을 만들어내는데, 옐로스톤의 그랜드 캐니언이라 불립니다. 이곳에는 거대한 폭포들이 여러 개 있는데 가장 큰 것은 94m에 이르는 로워 폭포(Lower Falls)로 나이아가라 폭포의 2배에 달하는 높이라 하지만 그곳까지 관광하기에는 하루가 더 소요되어, 그곳까지 갔다가는 계획된 일정에서 이틀이나 지연되어 눈 딱 감고 다음 여행지로 진행하기로 했습니다.

공원 내에는 넓은 숲과 대초원이 곳곳에 펼쳐져 이곳에는 멸종 위기에 있는 희귀 동물도 서식한다고 하여 수렵이 금지되어 있었습니다. 공원은 곰, 여우, 사슴, 영양, 들소와 각종 조류를 포함한 야생동물의 천국입니다.

옐로스톤을 배경으로 한 영화 〈늑대와 춤을〉이 있습니다. 제 생각으로는 경관과 구경거리가 충분히 만족감을 줄 수 있지만 이곳을 촬영장으로 쓸 수밖에 없는 이유는 미국 소인 바이슨 때문인 것 같습니다. 바이슨은 보호 위치에서 벗어날 수 없는 천연기념물로, 바이슨이 영화에 조연 역할을 할 정도로 미국을 상징하는 소입니다. 바이슨은 멸종 위기에서 현재 보호되어 400여 마리가 번식되었다고 합니다.

옐로스톤에 루즈벨트 대통령이 헌정한 기념문에 이런 글이 쓰여 있다고 합니다.

"국민의 즐거움과 이익을 위하여"

("For the benefit and enjoyment the people")

1872년 국민공원 법안 한 구절의 글을 기념문에 기록한 글이 인상적이었습니다.

이 옐로스톤 국립공원에 또 하나 볼거리는 1900년에 통나무로만 지어진 목조 호텔, 올드 페이스풀 호텔(Old Fathful Inn)입니다. 건물에 계단이나 지붕을 받치는 고임목은 목재 원형 그대로 써서 원목이 예술적으로 표현된 것이 특색이었습니다.

아무 걱정 없이 유황물에 목욕하였습니다. 몸 색깔이 노란 색깔로 변하면 변명할 여지가 있습니다. 오늘 아침 누구 뒤를 따라오다가 똥독이 올라 노랗게 되었지, 옐로스톤의 유황 물 색깔 때문이 아니라는 것을 선바위 님이 분명히 변명해줄 것입니다.

6

글레이셔 국립공원
Glacier National Park

팔순바이크

6월 중순이 지났는데 쌓인 눈이 벽을 이루어 자전거 타고 가는 사람에게 길잡이가 되어주고 눈 녹인 바람은 상쾌한 이야기를 실어줍니다. 어제 지나왔던 길이 오늘 이 길 같기도 하고, 저 길 같기도 합니다. 여행하는 사람에게는 이 길도 아니고 저 길도 아닌, 다만 여행하는 길이었습니다. 늦게 간다고 재촉할 길도 아니고 그렇다고 빨리 간다고 허리춤 잡힐 길도 아니었습니다. 제 힘에 따라 제 분수에 맞게 맞이하는 모든 풍경을 음미해 가면서 보고 즐기고, 굴러가는 바퀴의 부딪치는 소리도 들어야 하고 스치는 바람 소리에 전하는 이야기도 있어야 했습니다.

예정된 여행 일정에 별 차질 없이 미국 쪽 공원 탐방은 끝났습니다. 예상 소요 일자를 23일로 예상했는데 목표를 다 채우고서도 한두 가지를 더 보았습니다. 애초에 예상하지 않았던 소득도 있었고 해서 오늘 내일이면 미국 쪽 여행은 만족한 수준으로 끝내고 이 여세를 몰아 캐나다 쪽 여행길에 오르게 되겠습니다.

이러한 행운이 겹친 여행길은 이제까지 날씨가 잘 받쳐주었기 때문입니다. 철두철미한 사전 계획에 의해 차질 없이 이행하려는 전 대원의 열의와 실천력 덕분이기도 합니다. 오래전부터 몇 차례에 걸쳐 이런 장기간에 걸친 여행을 함께 하였고 전원이 한 사람 한 사람 검증된 사람으로 구성된 탄탄한 멤버들인 데다, 여러 차례에 걸쳐 개인의 기호와 능력이 검증된 사람들입니다. 팀워크와 근성으로 똘똘 뭉쳐 어떤 난관도 뚫고 나갈 의지의 사나이들이 모였기에 가능했다고 봅니다.

이번 미국 쪽 여행은 공원과 공원으로 이어지는 여행이라 해도 23일 동안 이름난 국립공원만 10개소를 다녔고, 그밖에 크고 작은 공원도 다 섭렵해서 계획된 기간에 모자람 없이 완벽하게 진행되었습니다.

자동차로 가지 못하는 곳도 자전거로 접근할 수 있었고 자전거가 다닐 수 없는 곳에는 보행으로 하였으며 도시와 도시의 이동은 지원하는 자동차를 이용했습니다. 이 세 가지 교통수단으로 여행지 코스의 특성에 맞게 세운 유효 적절한 계획에 의하여 진행했습니다. 간추려서 생각해보면 주된 이동 수단을 자전거로 했다는 것이 성공의 원인이 아닌가 생각합니다. 자전거로 하였다는 것은 보행으로 다니는 것보다는 몇 배나 빠르지만 그렇게 빠른 편이 아니고, 차보다는 몇 배나 느리지만 그렇게 늦지도 않습니다. 너무 빨리 왔다고 추궁하는 이도 없었고 그렇다고 너무 늦게 왔다고 섭섭하게 생각하는 곳도 없었습니다.

빠르고 느림은 여행의 질에 관계된 것이라고 생각하지 않아 빠르면 빠른 대로 스펙타클한 긴박한 미를 느낄 수 있었고 느리면 느린 대로 미적 감각을 만족시킬 수 있어 애틋하게 소매 잡는 곳은 한 번 더 살펴보고 와도 그렇게 늦지는 않았습니다. 이런 모든 것을 중앙 관제탑에서 조종하는 것처럼 기획의 달인이 조정하여주기 때문에 일정이 늦을 수도 없었고 빠를 수도 없었습니다. 항상 넉넉한 마음에서 사물을 대하니 일정 자체도 넉넉하게 운영되는 듯합니다.

글레이셔 국립공원(Glacier National Park)

미국 쪽 여행은 이곳이 마지막 순서이고 공원 순례의 하이라이트였습니다. 미 서부 일대의 이름난 공원은 다 가보았고, 섭섭하다고 소매 잡은 곳에는 한 번 더 들려도 보고, 그냥 가면 섭섭한 곳도 눈길을 다 주고 왔다 보니 생각했던 것보다 훨씬 많은 곳을 다녔습니다. 그런데 글레이셔 공원에 와보니 마지막 뒷정리하는 자리에 글레이셔 공원을 둘 만했습니다.

1932년 미국 몬타나주와 캐나다 로열티클럽회원들이 주도하여 두 나라의 평화와 우애의 상징으로 워터턴 호수(Waterton Lake) 국립공원과 합병하였고, 세계 최초의 국제평화 공원인 워터턴-글레이셔 국제평화 공원(Waterton Glacier International Peace Park)이 되었습니다. 이 국립공원에는 세 개의 깃발을 게양한다고 합니다. 캐나다, 미국 그리고 오래전부터 이곳에 터를 잡고 살아왔던 원주민의 깃발입니다.

세 가지의 국기가 나란히 게양된 것을 무심히 쳐다볼 수 없었습니다. 얼마나 아름다운 포용과 평화의 모습인지, 경건하게 하였습니다. 엄연한 입법국가를 상징하는 국기인 미국과 캐나다 국기와 나란히 펼쳐질 수 있는 블랙 피트(Black Feet)가 있습니다. 이 깃발은 오랜 세월 동안

이곳에서 살아오면 쌓은 전통의 문화와 생활 터전을 다 주고 협력이라는 평화를 선택한 원주민들의 얼을 끝까지 지켜나가겠다는 정신을 보여줍니다. 그들의 숭고한 혼과 기를 다 불어넣은 상징이 블랙 피트 깃발이기 때문입니다. 공원이 볼거리만 제공하는 것이 아니라는 것을 보여주어 그 앞에서 경례를 하자는 형님의 제안에 모두 같이 순순히 같이 행동해서 감동이었습니다.

1800년대 초에 프랑스·영국·에스파냐의 모피 사냥꾼들이 비버를 사냥하기 위하여 이곳을 방문하였고, 19세기 말에는 구리와 금을 채굴하였습니다. 1900년 삼림보호구로 지정되었으나 채광이 계속되자 1910년 국립공원으로 지정하였습니다. 1976년에는 지구 생태계 보존 지역으로, 1995년에는 세계문화유산으로 지정되었습니다.

로키 산맥의 주맥에 걸쳐 있는 클리블랜드 산 고봉에는 지금도 활동 중인 60개 이상의 빙하가 있습니다. 세인트메리호(湖)·맥도널드호·샤번호 등 빙하호도 많습니다. 로키 산맥 분수령 양쪽 가운데 강우량이 더 많은 서부 능선 쪽에 산림이 집중되어 있습니다.

고산 지대에는 여름에 야생풀이 만발하는 고산성 초원이 많으며, 공원 내에는 63종의 포유류, 272종의 조류 등 다양한 야생동물이 서식합니다. 야영·보트·낚시·자전거·크로스컨트리 스키·관광 등을 위하여 많은 사람이 찾습니다.

미국에서 가장 아름답다고 알려진 곳, 글레이셔 국립공원 '태양으로 가는 길(Going-to-the-Sun Road)'는 글레이셔 국립공원에서 꼭 봐야 할 장관이며 경이로운 광경입니다. 세계에서 가장 아름다운 경관을 자랑하는 도로 중 하나로 해발 약 2,000m에 위치한 로건 패스(Logan Pass)를 지나서 공원의 동서를 연결한 도로가 '태양으로 가는 길'로 이 지구상에서 가장 아름답다는 약 80km의 험준한 산길입니다. 산악 자전거로 가능하기 때문에 시기만 잘 선택한다면 자캠 하면서 이틀이면 그곳까지 갈 수 있었습니다.

우리가 지나왔던 바닷가 해안도로 페블 비치 17마일과 설산을 바라보며 가는 라이딩 코스는 성격상 쌍벽을 이룬 라이딩 코스입니다. 바다와 육지라는 두 개의 대칭되는 코스를 경험할 수 있었다면 미주 대륙을 완전 정복했다고 할 수 있었을 터인데…. 이제 자력도 떨어진 나침판이 그쪽을 가리킬 수 있는 여력이 남아 있다면 지워진 버킷리스트(Buket list)에 이름이라도 대신해서 올렸으면 합니다.

이름난 아름다운 길(Going-to-the-Sun Road)이 있었지만 가지 않

고 여지를 남겨두고 간다는 넉넉한 마음이 어쩌면 인생에 여백을 남겨
놓고 살아가야 한다는 메시지를 주는 것 같습니다. 우리들의 삶이 한층
여유롭게 느껴지는 것 같았습니다. 어찌 알겠습니까, 이것이 빌미가 되
어 다시 한 번 올 수 있을지!

조촐한 식탁이지만 이곳의 기를 먹고 자란 연어, 선바위 님이 어디에
서 구해온 샤토(Chateau Franzia) 와인과 함께합니다. 질에는 관계없이
5.34라는 단위로 봐서 양은 넉넉하게 보인 종이로 만든 오크통이 마음
에 들었습니다.

가지고 온 술통을 보니 사람의 마음을 볼 수 있었습니다. 이런 넉넉한
술통을 보니 이심전심으로 소통된 것 같습니다. 술통도 위대(偉大)하니
선바위 얼굴도 위대(偉大)하게 보였습니다.

이런 풍성한 선바위 님 인심을 보고서는 저도 술잔을 뺏고 싶지는 않습니다. 그래도 연어 맛이 먼저냐, 와인 맛이 먼저냐 견주어는 봐야겠지요! 냄비 뚜껑으로 먹는 와인 잔이지만 굵직하게 썰어놓은 연어가 술맛을 이끌어갈 것인지 아니면 와인이 연어 맛을 상승시킬 것인지 먹어보지 않고서야 이 맛을 어떻게 알겠습니까? 와인 러너도 뭐라 말을 할 수 없을 것입니다.

어제 저녁밥도 무등산 님이 어디에서 구해왔는지 파웰 호수(Powell Lake)에서 꼴뚜기를 넉넉하게 잡아왔습니다. 저녁 반찬으로 흡족하게 먹고, 어제 아침에는 꼴뚜기 삶은 물에 라면을 끓여 먹고 왔으니 저나 형님이나 그 힘으로 여기까지 아무 소리 없이 왔는가 봅니다.

무슨 딴 소리도 할 수 없을 것입니다. 어제 아침에 라면 두 그릇을 비우는 것을 봤고 증거로 동영상까지 찍은 것이 있으니 말입니다.

언제라도 증거물로 제시할 것을 대비해서 영구 보존되어 있습니다.

꼴뚜기 라면은 무등산 님이 상표 하나 더 출원해도 될 만한 기상천외한 맛이었습니다. 꼴뚜기 삶은 물에 10년 묵은 조선 된장 풀어서 끓인 라면 맛은 영원히 잊지 못할 맛의 진기 명기였습니다. 그 밥상 앞에는 파란 하늘을 머금은 파웰 호수가 있고 양옆에는 그랜드 캐니언이 있었기 때문만은 아닐 것입니다.

우리들이 함께 먹는 시간이 있었고, 살뜰한 보살핌으로 입속으로 들어가는 넉넉한 밥 숟가락이 있었기 때문인 것 같습니다.

그리고 이렇게 먹여놓고 본전 뽑으려는 준프로 님이 현 상황을 면밀히 검토하고 있는 것은 내일의 스케줄이 있기 때문이기도 합니다.

워터턴 호수(Waterton Lakes)

세계에서 인기 많은 한국 음식!

한국의 식품이 세계인의 입맛을 만족시킬 수 있는 근본적인 원인은 제품의 우수성도 있지만, 이렇게 여행으로 전 세계를 돌아다니는 사람들이 음식을 선보이고 요리하는 모습을 보인 것이 많은 홍보가 되었을 것입니다.

동유럽(보스니아) 자전거 여행 중에 어느 마을을 지나치게 되었습니다. 그때 마침 그 동네 축제가 있었던 날이었습니다. 마을 축제에 가정에서 준비한 음식을 펼쳐놓고 점심식사를 하는 장소에 우리들도 끼었습니다. 축제장 공터에서 축제 구경도 하고 점심식사 할 목적으로 라면을 끓이려고 운동장에서 물을 길어왔는데 동네 아낙네들이 마을에서 준비한 별식을 우리 전원이 먹어도 남을 만한 양을 가져다 주었습니다. 가정에서 만든 파이와 빵, 치즈로 융숭한 대접을 받았습니다. 그때 우리 라면도 끓고 있었습니다. 고마운 마음에 라면 한 봉지와 라면 한 그릇을 보답으로 나눠 먹게 되었습니다.

맛을 보고 놀라워하면서 신기한 눈으로 봐서 몸짓 발짓으로 요리하는 방법까지 가르쳐주고 표지에 요리하는 방법까지 적혀 있다는 것도

팔
순
바
이
크

가르쳐주었습니다. 마을 축제장이 우리나라의 식품을 소개하는 자리를 겸하게 되었습니다. 축제장에서 참가하였던 분들로부터 그 나라의 고유한 온갖 음식을 대접받았고 자전거에 싣고 가기에 부담스러울 정도로 많은 양을 선물로 받았습니다. 보스니아의 전통 마을민속 축제놀이에 함께 참가하는 좋은 시간도 가졌습니다.

그때 주고받는 모습과 라면을 끓이는 방법을 설명하는 장면을 사진으로 찍었던 것을 귀국 후에 라면 생산 공장 영업부에 보냈더니, 감사함을 표시하고 싶다면서 사진을 홍보용으로 사용해도 되겠느냐고 의견을 물어온 적이 있었습니다. 그 인연으로 인하여 그 회사의 홍보 책자를 다음 여행 시에 참고해달라면서 몇 가지 상품에 대한 홍보 책자를 받게 되었습니다.

러시아 바이칼 여행시 블라디보스톡으로 들어갈 때가 있었습니다. 배로 가는 여행에는 지참물에 대한 무게 허용량이 부담이 되지 않아 넉넉한 양으로 제품을 지원 받은 적이 있었습니다. 자전거 여행자에게 제품이 다용도로 쓰임새가 있어 혜택을 입은 적이 한두 번이 아닙니다. 자전거 여행 때만 신세를 지면서 '내가 먹은 것이 아니고 자전거가 먹은 것이다' 하고 생각하며 낯 뜨거운 줄 몰랐습니다.

Banff

CANADA

캐나다 편

재스퍼 국립공원

밴프 국립공원

캘거리

밴쿠버

Lake Louise

1장
줄 것도 없고 받을 것도 없는
채워진 그 자리

채워진 자리

누가 올 사람도 없고 어느 누가 갈 사람도 없이

이제 채워진 자리로는

채웠으면 비워져야 된다는 예고된 자리입니다.

그간에 모자랄까 봐 근심도 했었는데 모자라지 않았고

남을까 걱정도 하였지만 남지도 않아

줄 것도 없고 받을 것도 없는

채워진 그 자리는

석양에 지는 해를 바라보며 그간에 잘도 지내 왔노라고

재촉 받고 살아오지 않았듯이

채근하지 않는 떠남이 있어

그간에 아름다웠다고 인사를 받아줄 사람을 기다리는 자리입니다.

비워줘야 할 자리에 있다는 것은

채워졌던 시절도 있었다는 것으로

내려놓고 떠나야 한다는 것도

갈 데가 있다는 우리들의 본모습입니다.

1

밴프

Banff

팔
순
바
이
크

기가 막힌 일정이었습니다. 6월 1일 시애틀에 갔을 때는 아침저녁으로 야영을 할 때면 문단속을 해야 하는 날씨였습니다. 그리고 서부로 내려가 20일 후 좀 덥지 않을까 싶을 때 로키 산맥으로 들어왔습니다. 들어오고 보니 로키(Roky)가 아니고 럭키(Luky)였습니다.

로키 산맥에는 아주 유명한 두 마을이 있습니다. 하나는 밴프(Banff)이고 다른 하나는 재스퍼(Jasper)입니다. 밴프는 발음에 큰 문제는 없지만, 재스퍼는 야스퍼 혹은 자스퍼라고 부르는 사람도 있어 유의해서 들어야 합니다.

　미국과 국경을 마주하는 캐나다의 글레이셔 공원을 떠나오니 실감하
지 못했던 주변이 눈에 들어옵니다. 평균 고도가 1,700m 가까이 되어
서인지 7월이 가까운 날임에도 도로에는 잔설이 있어 자전거를 타기에
는 조심스러웠습니다.

　로키 산맥의 작은 도시, 밴프입니다. 인구가 만 명도 되지 않는 조그
만 소도시다운 풍경이었습니다. 우리나라 지방의 시 단위보다 작은 면

단위의 풍경이지만 유명한 관광 도시인 만큼 거주민 전체가 관광에 도움을 주는 일에만 종사하고 관광 시즌에는 이곳 주민보다 더 많은 관광 인구가 붐빈다고 합니다.

하지만 관광 시즌이 아님에도 인파가 넘쳐나고 시가지에는 온통 상점뿐이었습니다. 행인들에게 방해가 될까 자전거는 끌고다녀야 할 정도였습니다. 중앙분리대에 꽂힌 꽃장식 또한 관광지로 유명한 소도시에 걸맞은 풍모로 보였습니다.

밴프 국립공원(Banff National Park)은 로키 산맥의 동쪽 비탈면을 따라 쭉 뻗은 이곳은 1885년에 캐나다 최초의 자연공원으로 지정되었습니다. 캐나다에서 가장 오래된 국립공원으로 과거에는 핫스프링스리저브로 불렸다고 합니다. 수많은 호수와 산과 빙하의 공원입니다. 대규모의 빙하와, 호수, 설산으로 고산 목초지 · 온천 · 야생동물 등 관광자원이 풍부하며, 야영장 · 숙박시설 · 트레일러 · 주차장 등이 갖추어져 있습니다. 미 서부의 캐니언을 들러 본 자전거 바퀴가 익히 소문난 로키를 찾아 이곳에 왔습니다. 산악 지형은 4,500만 년에서 1억 2,000만 년 전에 형성되었다고 합니다.

200년 전, 제퍼슨 록키의 집안이 원주민에게 드넓은 땅을 단돈 1500

팔순바이크

만 불에 사들였습니다. 미국이 알래스카를 구소련으로부터 사들였던 돈의 반값 정도인 것으로 알려집니다. 비슷한 시기로 보면 오늘날 알래스카가 귀한 땅이 되었듯이 이곳도 무궁무진한 자원이 있는 금싸라기 땅으로 인정받습니다. 가시적인 관광 자원만 봐도 엄청난 약속의 땅입니다.

로키(Roky)가 유명한 이유는 그 장대한 높이나 잘 다듬어진 길이나 호수의 아름다움만은 아닐 것이라 봅니다. 그 속에 녹아 있는 뉴 프론티어 정신이 마음으로 들어오기 때문일 겁니다.

뉴 프론티어 정신이라는 단어가 있습니다. 프론티어란 사전적으로는 '경계선'이라는 의미입니다. 그 뜻을 들여다보면 평범한 것에서 새로운 무엇을 가지기 위해 경계선을 넘어 새로운 세계를 개척한다는 뜻입니다. 미지의 땅을 행복의 땅으로 개척하고자 처음으로 이곳에 이주해 온 최초의 미국민의 개척 정신을 함축해서 하는 말일 것입니다. 그 개척 정신으로 이루어진 아름다운 풍경과 자연을, 그 혜택을 우리가 누리기 위해 이곳에 방문하게 되었습니다.

청풍의 칠전팔기(七轉八技) 정신과 일맥상통하는 정신이 바로 뉴 프론티어 정신이라고 생각합니다. 자전거 길을 며칠 경험하지도 않은 초보자가 신천지나 다름없는 미 서부와 캐나다 호수를 탐험하기 위해, 인생의 한 경지를 넘기 위해 자전거를 타고 경계선을 넘는 정신 말입니다.

자전거를 타고 온 것은 자연을 감상하기 위한 방법입니다. 자연의 숭고함에 인간이 가진 지혜와 진취적인 정신이 합쳐져 아름다움으로 표현된 밴프를 보기 위한 방법입니다.

팔
순
바
이
크

한대에서 온대, 온대에서 한대로

지난해 가을, 한대(寒代)에서 온대(溫代)로 단풍 따라 내려가는 여행을 한 적이 있습니다. 우리나라 최북단인 강원도 고성의 간성에서 단풍이 가장 일찍 드는 설악산에 올라 단풍 구경을 했습니다. 단풍이 물드는 일정에 맞춰 동해안을 따라 내려가다 보니, 오징어와 홍게와 겹치는 이동 경로에 영덕 강구에서 맛집 탐방도 잊지 않았습니다. 지리산 피아골 넘어가는 단풍 길에서는 남원 춘향이도 만나느라 바빴습니다. 완도에서 배를 타고 제주도 단풍이 속속들이 든 것을 보며 다니다 보니 어느새 한 달이 되어 상경했습니다. 그때의 노선도를 그려보니 뒤집어진 물음표 모양의 노선도가 되어 있었습니다.

그때는 한(寒)대에서 온(溫)대로 가는 여행이었지만 이번 미주 여행길인 고구마 여행은 반대로 열대에서 온대로 가는 여행이었습니다. 여행루트를 따라 선을 그으며 모형을 그려가면서 의미를 새겨 넣으니 가는길에 재미도 더해지고 온도 변화까지 고려할 수 있어 기가 막히게 딱 떨어진 여행이 되었습니다.

북미를 횡단하다

2

루이스 호수
Lake Louise

팔
순
바
이
크

영국 빅토리아 여왕의 넷째 딸 루이스(Louise)가 캐나다의 초대 총독과 결혼하여 이곳에서 살고 있을 때 호수의 이름을 루이스 호수(Lake Louise)로 지었다고 합니다.

사진에 보이는 것처럼 우리가 방문했을 때는 맑은 하늘에 구름 한 점 없었습니다. 눈이 시리도록 푸른 하늘에 비친 호수의 청아한 에메랄드 빛이 눈길을 사로잡고 건너편 설산의 하얀 빛과 조화를 이룬 물의 색깔은 말로 표현이 불가능한 풍경입니다. 설산과 호수를 바라보는 자리에

호텔(the Fairmont Chateau Lake Louise)이 있습니다. 아무리 야영을
좋아한다고 하지만 이런 호텔이라면 하룻밤쯤 잘만 합니다.

아직까지도 이 호텔에는 에어컨을 설치하지 않았습니다. 에어컨이 필
요 없을 정도로 온도를 유지할 수 있는 자연풍이 있기 때문입니다. 이
호텔의 규모는 객실 숫자만 800여 개로 사단 병력이 일시에 들어와도

수용이 가능할 정도입니다. 호텔 바로 앞 50m도 되지 않는 위치에 루이스 호수가 있습니다.

오즈의 마법사에 나오는 남쪽 마녀의 성처럼 보이는 이 호텔은 인간이 만든 인공 건축물로 루이스 호수와 조화를 이루어 더 아름답게 보입니다. 인간이 가진 잔재주로 아무리 좋은 기술과 건축 문화를 가미시킨다 해도 자연이 주는 아름다움에는 겨룰 수 없다고 여겨왔습니다. 하지만 이 정도라면 인간이 만든 조형물 또한 자연 못지 않다고 인정하고 싶습니다. 저 멀리 만년설을 머리에 인 로키 산맥의 봉우리 웬켐나 산이 보이고 그 아래에 에메랄드 빛을 내며 잔잔히 흐르고 있는 루이스 호수가 있습니다.

호수가 이런 색을 띄는 것은 미세한 빙력토 입자 때문입니다. 이 입자가 여름에 빙하가 녹을 때 호수로 흘러 들어오게 되고 가시광선이 다른 색은 다 흡수하지만 푸른색만 반사를 해서 호수의 색깔이 이토록 아름다운 에메랄드 빛을 가지게 된다고 합니다.

또 다른 관점에서 본다면 흐르는 물의 본래 색깔은 지금 보고 있는 일반적인 눈 녹은 물에 불과합니다. 하지만 태곳적부터 흘러내린 빙력토가 호수 바닥에 침전물로 쌓여 있어 태양의 반사된 빛깔로 물 색깔이 침전물 색에 반사된 색으로 보이는 것이 아닐까 하는 생각을 해 봅니다.

몇 년 전에 캐나다 토론토에 살고 있는 큰아이의 초청으로 이곳에 올 기회가 있었습니다. 그때와는 달리 이번에는 자전거가 있습니다. 이렇게 구름 한 점 없는 초여름 날씨를 만나는 것은 쉽지 않기 때문에 그 호텔 방도 부럽지 않았습니다.

호수의 건너편 협곡에서 실려 온 바람이 루이스 호수에 닿기도 전에 우리들 잠자리에 먼저 다가와 밤하늘에 떠 있는 수많은 별님들의 이야기를 전해줄 것이기 때문입니다.

청풍이 배운 대로 한다는데 이의를 제기할 사람은 없겠지만 맑은 호수물을 지천에 놔두고 키친타올 한 장으로 설거지를 마무리 짓고선, 어째서 흡족한 표정인지 의문입니다. 다시 배워 오랄 수도 없고 배운 대

로 한다니 의문도 달 수 없어 한마디 거들었습니다. 물기가 없어 잘 안 닦이면 침을 뱉어서라도 닦아야 한다고 했습니다. 그러니 개인 식기는 스스로 처리해야 합니다.

자캠에서 메뉴를 선택할 땐 여러 가지 효율을 감안해야 합니다. 아침과 점심은 최적의 양으로 취사를 하여야 남은 음식물의 뒤처리가 간단합니다. 암묵적인 원칙으로 조리 담당자의 책임이지만 가급적이면 설거지가 쉬운 메뉴를 선택합니다.

이런 생활에 적응하려면 먼저 가정에서의 생활 습관에서부터 출발하여야 됩니다. 누구나 자캠 형식의 식습관을 가진다면 마눌님에게도 칭찬받을 수 있습니다. 덤으로 다른 효과도 보는 것입니다. 계획적으로 자기의 식성을 바꾸는 것은 본성을 바꾸는 것이라 실패를 거듭하기 쉽습니다. 혈당을 상승시키는 인스턴트 식품이나 평소에 즐겨 먹던 음식이라도 건강에 좋지 않다면 멀리해야 합니다. 그것이 쉽지 않을 때면 그 음식이 몸에 나쁘다는 생각보다 그 음식을 가까이 한다면 자전거 바퀴를 돌릴 때 지장이 생긴다 생각한다면 쉽습니다. 건강을 우선해야 한다는 생각보다 자전거를 탈 때 남들에게 뒤처지는 것이 더 걱정이기 때문입니다.

저는 자캠에서 먹었던 음식과 습관이 몸에 배어 집에서 먹는 평범한 밥상도 항상 진수성찬 같이 느끼며 언제나 황제 같은 대접을 받고 있다는 생각이 들어 늘 감사하고 고맙습니다.

그 감사가 지나쳐서 역기능을 할 때도 있다는 것에 주의하여야 합니다. 지나치게 절제하는 자캠 생활이 습관이 되어 현재의 여유롭고 풍요로운 가정생활과 비교하게 됩니다. 절제하는 자캠 생활 습관을 가정생활에 적용한다면 부작용이 생깁니다. 다시 말해 자캠 생활과 가정생활을 같다고 생각해서는 안 된다는 뜻입니다.

자캠에서의 취사 작업은 효율성과 시간을 절약해야 하므로 모든 과정을 분업으로 진행합니다. 밥하는 사람과 찌개 끓이는 사람이 각각 조리하고, 조리가 끝난 음식을 내어놓으면 각자 알아서 자기 양에 맞게 배식해 갑니다. 하루는 어느 대원이 신무기를 장착해서 나왔다는 말을 했습니다. 종전에는 조금씩 먹고 다시 가져가려고 작은 개인 식기를 가지고 다녔는데 다시 먹으려고 보니 솥이 밑바닥만 보여 이제 아주 큰 것으로 가져왔다고 하면서 이것을 신무기라고 하였습니다. 자캠 때의 식생활은 하나의 의식이 아닌 철저한 생존입니다. 자전거 바퀴가 굴러가는 원천은 에너지니까 어떤 경우에도 자전거 탈 때만은 음식 섭취량에 관대해집니다.

보우강(Bow River)

3

보우 강
Bow River

보우 호수(Bow Lake)는 캐나다에서 가장 넓은 호수입니다. 보우 산 (2,608m)과 호수와 강이 한 지맥에서 한곳에 존재하고 있습니다. 제일 넓은 호수인 만큼 보우 호수에서 흘러 들어가는 물이 보우 강이라는 이름으로 아름다운 자태로 변신하여 흐릅니다. 예전에 이곳을 보았던 기억으로는 이 강을 배경으로 한 영화 〈돌아오지 않는 강〉의 한 장면을 재현하는 이벤트 행사를 보았을 때 였습니다.

영화는 남자 주인공 로버트 미참과 전성기 때의 마릴린 먼로와 함께 강의 모습을 아름답게 담아냈습니다. 영화 주제가를 기타로 치는 모습은 강의 모습을 더욱 아름답게 만들었습니다. 바로 그 장면을 대역 배우들을 비슷한 모습으로 단장하여 재현하는 이벤트였습니다. 지금은 어떤 모습일까 하는 생각에 보우 호수를 보기 전에 이곳에 먼저 찾아 왔습니다. 폭포가 떨어지는 강물 위에 뗏목으로 노를 저어가는 모습도 있었던 것으로 기억합니다.

강은 그때와는 다른 모습으로 한적하니 쓸쓸한 옛 추억으로만 생각나게 하였습니다. 관광지도 시류를 타는가 봅니다. 1950년대부터 80년대까지는 서정적인 미를 바탕으로 알려진 관광지를 위주로 시장성이 형성되었으나 요즘같이 각박한 세상에서는 서정적인 면이 없어져 그런 것을 찾는다는 것은 옛 사랑의 그림자였습니다. "돌아오지 않는 강처럼~"

4

에메랄드 호수

Lake Emerald

에메랄드 호수는 둘레 5.2km로 캐나다 밴프의 요호 국립공원(Yoho National Park) 내에 있는 모든 호수와 연못 중 가장 큰 호수입니다. 호수 둘레길을 따라 산책로가 있고, 약 3km 정도는 자전거로 이동이 가능하나 입장 자체가 허용되지 않습니다. 캐나다 내에 있는 호수 전체의 물 색깔은 청록색으로, 부르기 따라서 에메랄드색으로 표현되기도 합니다. 호수 특유의 선명한 색은 석회암 가루와 녹아내린 빙하로 태양광선의 영향에 따라 색의 선명도가 달라지는 듯합니다. 그러니 어떻게 불리든 맞는 말이라 생각합니다.

에메랄드 호수(Lake Emerald)

보는 사람의 감각에 따라 물의 색을 표현하는 단어가 달라지는 것 같습니다. 호수 위에 떠다니는 보트의 색깔이 호수에 비치는 것도 다소 영향이 있을 것입니다. 이곳 호수에 사용되는 보트의 색은 다른 장소와는 달리 빨간색으로, 다른 호수와는 달라 물의 색이 특별하게 보이지 않을까 하는 생각도 해봅니다.

1882년 탐험가 톰 윌슨(Tom Willson)이 다른 곳에 있는 같은 이름의 호수인 에메랄드 호수를 발견합니다. 그리고 근방에 새롭게 에메랄드 호수라 불리는 이곳은 1886년 빅토리아 여왕의 넷째 딸의 작명으로 에메랄드 호수라고 불리게 되었다고 합니다.

저는 자전거 타는 것에만 치중하다 보니 어느 날 어느 곳이라는 시간과 장소의 개념이 없는 편입니다. 자전거 타는 환경만을 중요하게 여겨 시와 때와 장소를 자전거 타는 것에 비해 중요하게 생각하는 편이 아니다 보니 자전거 여행을 다녀온 후 자전거를 타던 분위기는 생생히 기억하고 있지만 남에게 이야기를 옮길 때 가장 중요한 것 중 하나인 장소와 시간을 잊어버리는 경우가 많습니다.

오래전에 여행했던 이야기를 기억을 더듬어 이곳에 옮기는 것도 사진만 봐서는 알 수 없습니다. 사진을 보고 기억을 더듬는다는 것은 그림

책을 보는 것과 같이 기억 속에 이야기가 없습니다. 그나마 동영상 속에는 잔기침 소리 같은 것이 있어 그날을 되뇔 수 있습니다.

특히 캐나다에 와서는 많은 호수를 거쳤지만 물의 색깔과 산수 모양이 비슷하여 이름과 시간을 가려 이야기하려면 분별해서 할 수 없다는 맹점을 가지게 됩니다. 에메랄드 호수는 같은 지역에 두 개나 있었으니 더욱 헷갈리게 하겠지요.

저는 캐나다 쪽은 세 번 이상 다녀왔던 것으로 기억합니다. 토론토에 거주하고 있는 아이들 집에 갈 때면 직항노선보다 밴쿠버를 경유해서 가는 편이 요금 면에서도 별 부담이 되지 않습니다. 그러니 꿩도 잡고 매도 잡는다는 셈법으로 이곳에 여러 번 왔습니다. 횟수보다는 제대로 기억하는 것이 중요한 것 아니냐고 묻는다면 제가 기록하는 것은 학술적인 의미가 내포된 증명된 내용을 발표하는 자료가 아니고 이런 이야기도 전개할 수 있다는 것에만 초점을 맞춘 글이라고 생각해주시면 편할 것 같습니다. 그래도 분위기만은 잊지 말자는 뜻에서 동영상으로 기록할 수 있었다는 것이 감사합니다.

이번엔 자전거 여행으로 왔으니 전전에 왔던 여행은 작은 기억의 잔재도 잊고 이번에 자전거와 함께 한 여행만 중하게 여겨도 괜찮다고 생각합니다. 이곳이 아름다웠다는 기억은 나만이 하는 것이 아니고 자전

팔순바이크

거와 함께 2인분으로 하니 그만큼 효율적이고 많은 이야기가 생긴 것이라고 생각합니다. 덧붙여 청풍도 사과나무에 자전거를 올려 여기까지 왔으니 더 말할 나위 없이 4인분으로 온 이 기억이 영원하리라 생각합니다.

잊는다는 것은 나쁜 점보다 좋은 점이 더 많아서 다행입니다. 바로 이런 경우입니다. 첫 번째는 누구와 어디를 가려고 할 때 과거에 다녀왔던 시기와 장소를 잊어버려 긴가민가하지만 다시 가서 보면 지난날에 다녀왔던 기억이 되살아나서 그때의 추억과 지금의 현실과 비교해보는 재미가 있습니다. 그러니 일정이 맞는다면 누구라도 묻지도 따지지도 않고 어디든 떠납니다.

저야 별 일정이란 것이 있을 수 없지요. 인생 2막도 지났고 3막에 살고 있는 사람이 행선지가 있다는 것만 해도 감사하고 더욱 감사한 것은 그곳에 갈 수 있는 자전거가 있다는 것이 더 감사할 일이지요.

두 번째는 이런 기억을 더듬어 이야기를 남기는 일을 격식과 사회의 편견에 맞춰 다듬어야 하는 것이 아닌 나 혼자만의 글이라는 점입니다. 그러니 책임질 일도 없고 결과에 바랄 것도 없어 혹시나 풍경이 바뀌어 놓아진 사진이 있을 수 있고 품질이 안 좋을 수 있어도 내 글에 내가 찍은 사진만 쓸 수 있어 다행이라고 생각합니다.

5

페이토 호수

Lake Peyto

처음에 페이토 호수를 소개받기로는 호수의 모양이 오리발의 물갈퀴 모양 같기도 하고 곰이 다리를 벌린 모양 같다고도 해서 호수 하류의 돌출된 부분을 곰 발가락으로 발가락 수를 세어보기도 했습니다.

개척 시대의 유명한 트레일 가이드이자 사냥꾼인 에벤저 윌리엄 페이토(Ebenezer William Peyto)의 이름을 딴 페이토 호수(Lake Peyto)는 해발 1860m의 지미심슨(Jimmy Simpson) 산, 칼드론 봉우리(Caldron Peak), 페이토 봉우리(Peyto Peak) 사이에 길쭉하게 늘여져 있는 빙하 호수로서 위치상 아이스필즈 파크웨이(Icefields Parkway)에서 가기 쉬웠습니다.

규모 면에서는 그다지 크지 않은 호수임에도 불구하고 수많은 관광객이 꼭 들리는 필수 코스가 된 이유는 바로 호수의 색 때문입니다.

페이토 호수에는 여름 동안 많은 양의 빙하수에 바위의 석회질이 녹아 호수에 흘러 들어갈 때의 물리적인 영향으로 호수의 물색을 에메랄드(emerald) 빛깔로 나타나게 합니다. 그런데 이 색이 인공적인 건 아닐까? 하고 의심이 들 정도로 선명하고 아름답게 나타납니다. 거기다가 계절 따라 그 색이 다르게 보이는데 봄에는 짙은 녹색을, 여름에는 진한 파랑을, 가을에는 터키석 색으로 변합니다. 이 신비로운 물색이 바로 많은 사람을 로키 산맥의 가장 높은 곳에 있는 페이토 호수까지 불러들이는 이유라 할 수 있겠습니다.

아이스필즈 파크웨이(Icefields Parkway)에서 가장 높은 도로인 보우 고개(Bow Pass)에서 페이토 호수 전체의 모습을 볼 수 있습니다. 전체를 볼 수 있는 만큼 가장 멋진 경관을 자랑하지만 유감스러운 것은 호수 전체를 카메라 앵글에 담을 수 없다는 것입니다. 사람과 풍경을 한 장의 사진에 담아낼 수 없고 인증사진을 가지려면 어느 한쪽이 미흡하게 되었습니다.

페이토 호수(Lake Peyto)

페이토 호수를 제대로 볼 수 있는 전망대는 앞에서 말했듯 아이스필즈 고속도로에서 가장 높은 도로인 보우 고개(Bow Pass)에 위치하고 있습니다. 보우 폭포(Bow Pall)의 놀라움이 채 가시기도 전에 우리는 페이토 호수에서 또 다른 놀라운 장면을 볼 수 있었습니다. 바로 이 호수의 색깔 때문이었습니다. 자연이 주위 환경에 의하여 변신할 수 있다는 것이 경이로움으로 다가왔습니다. 자연이 만든 호수가 옥색으로 보이다가 다른 시각으로 보면 같은 시간임에도 에메랄드색을 보여주는 것은 처음 봤기 때문입니다. 이게 자연 호수 맞나? 싶을 정도로 아름다운 색을 보여주고 있었습니다. 대부분의 관광객이 루이스 호수를 하이라이트라고 하지만, 페이토 호수를 한 번이라도 본 사람들은 호수 자체로는 페이토 호수를 더 높이 평가한다고 합니다. 저도 그 말에 동의합니다. 전망대에서 본 호수의 모습은 꼭 곰의 옆모습이나 보기에 따라 오리발의 물갈퀴의 모양과 비슷했습니다.

이런 아름다운 색깔을 내는 대신에 석회석 물질 때문에 이 호수에는 물고기가 없다고 합니다. 일종의 죽음의 호수인 것이죠. 아름다움을 위해 생명이 안에 자라는 것을 포기하는 것은 여기에서도 인과응보(因果應報)가 적용된 것일까요?

이 책에 쓰인 사진에 대하여

저는 색, 온도, 구도 등 사진이 가진 특성들을 어느 한 가지도 제대로 하는 것이 없습니다. 그러면서도 이 분야에 심취해 왔습니다. 자전거를 타고 다니면서 담아내는 사진은 이야기가 묻어 있어야 하는데 사진에 기초적인 지식이 없다 보니 기계가 가진 표현력에만 의존하게 됩니다. 그러니 담아내는 사진은 이야기를 연결한다는 목적에만 치중하여 혼과 미가 담기지 않습니다. 애초부터 기대한 것이 아니어서 그 점에 실망해 본 적은 없습니다. 다행스러운 것은 정지된 사진은 추억의 이야기가 끊어질 때가 있지만 움직이는 동영상은 이야기가 있어 다행스럽게 생각합니다.

여기 쓰인 사진의 질과 미는 떨어지지만 이야기가 있어 그때의 감정을 생생하게 이어나갈 수 있는 점에선 충분합니다. 이야기를 쓰는 활자 속에도 두서는 없지만 가슴속에 담겨 있는 것들을 실타래 풀어내듯 하나씩 하나씩 풀어낼 것이 있습니다. 그것을 텍스트로 표현하는 것에 기본적으로 배운 것이 없다 보니 그 나물에 그 밥이라 대접받아도 무관하다는 생각입니다. 가슴에 털이 나 있는 것을 다행으로 알고 무식한 놈이 용감하다는 것으로 이해해주길 바랍니다. 여기 쓰인 사진은 이야기의 이해를 돕는 데 쓰이는 것으로 만족하겠습니다.

6

미러 호수
Lake Mirror

물결이 하나도 없고 명경(明鏡)같은 호수에는 바람도 조심하며 뒷발 꿈치를 들고 지나갑니다. 이토록 맑은 호수에 내 모습을 비쳐본다면 창자까지 빤히 들여다 볼 수 있을 것 같은, 이름 그대로 거울 호수에 왔습니다.

들여다보기에도 못마땅한 얼굴이지만 가끔은 들여다보고 다녀야 한다고 거울까지 준비하여 주셨습니다. 볼 모양은 없지만 비친 얼굴과 말도 나눌 수 있다 하여 여기까지 오게 된 이야기를 나누기 위해 거울 호

수에 얼굴을 들어밀어 봤습니다. 삶의 발자취가 없는 양심에 털 난 사람은 사람 취급 안 하겠다는 뜻인지 얼굴을 비춰주지 않았습니다.

거울은 보여줄 것이 없는 사람은 제한한다고 했습니다. 시효가 지나도 한참 지났고 그간에 살아온 삶이 내세울 것이 없는 사람은 비춰주지 않습니다. 하지만 예외 규정은 있습니다. 과거에 공적으로 이바지하였다든가 지나온 삶의 발자취가 남에게 모범이 될 만한 사람에게는 시효가 지나서도 어느 정도는 용납이 된다고 했습니다. 거울에 비춰볼 것이 없는 사람은 또 다른 거울을 들여다보라고 합니다.

그 거울은 마음의 거울(영혼의 거울)이라고 했습니다. 마음의 거울에 비춰봐도 아무것도 보이는 것이 없었습니다. 무엇이라도 한 것이 있어야 비추어보고 자시고 할 일이지 아무것도 한 것이 없는 사람이 무엇을 비추어보겠다고 거울 앞에 섰는지 모르겠습니다. 이제 생물학적인 면에서 살아 숨 쉬고 있다는, 생물체라는 존재 가치만 가진 허상의 형태로만 존재할 뿐이었습니다.

이제는 미러 호수(Lake Mirror)에 와서 나의 실체도 볼 수 없는 처지가 된 사람이고 마음의 거울이라도 들여다보려 했으나 보이고 들릴 것이 없는 가치 있는 삶을 살지 못한 사람이라 거울을 볼 필요가 없다는 생각이 들었습니다. 그리하여 되돌아가는 길에 어디서 많이 본 듯한 낯익은 사람이 한 분 계셨습니다.

머리가 허옇게 백발이 된 노인의 모습은 곧 다른 세상에 입적(入寂)할 사람처럼 보였습니다. 그 노인은 무엇을 찾겠다고 두리번거리면서 허우적대고 있습니다. 한 손에는 무거웠던 과거라는 보따리를 들고 있었고 또 한 손에는 여행(餘幸)이라는 피켓을 들고 남아 있는 행복한 시간을 찾고 있습니다. 가까이 다가서서 보니 그 얼굴은 내 얼굴이었습니다. 얼마 남아 있지 않은 시간 속에 여행을 즐기는 것으로 보여 나는 나의 그림자에게 동행을 제의했습니다.

캔모어(Canmore) 근처에 위치한 조그만 호수인 그래시 호수(Lake Grassi)에 왔습니다. 밴프에서 한 시간 정도 떨어진 그래시 호수는 잘 알려지진 않았지만 정말 작고 아름다운 호수입니다. 그래시 호수는 산을 사랑하고 등산과 하이킹을 좋아했던 이태리 태생의 로렌스 그래시(Lawrence Grassi)라는 분이 1916년, 나이 36세에 캔모어에서 광산 계약을 진행하면서 발견한 호수에 본인의 이름인 그래시를 붙였습니다. 쉬운 코스와 어려운 코스 두 갈래로 나뉘며 쉬운 코스는 산책하는 기분으로 오를 수 있지만 호수 자체가 산 중턱에 위치합니다. 어려운 코스는 약간의 등산이 필요한 루트인데 이 루트를 이용하면 캔모어가 한눈에 들어오는 경치를 감상할 수 있습니다. 트레킹을 좋아하는 분에게는 어려운 코스를 추천한다고 합니다. 우리는 이곳까지 온 것이 아깝긴 하지만 일정상 호수만 눈에 담고 갔습니다.

캐나다의 7월 낮 기온은 20도를 상회하여 자전거를 타기에는 최적의 기온입니다. 오늘도 기온의 영향 없이 땀이 차지 않을 정도의 날씨 속에 무사히 일정을 마쳤습니다.

현지 관광지에는 자전거로 접근할 수 없다는 것만 빼면 자전거로 여행하는 사람에게는 불편한 것이 하나도 없습니다. 다행인 것은 야영장을 사용하는 요금도 없고 불도 정해진 장소에서 마음대로 피울 수 있고 땔감도 주위에 넉넉하였습니다. 천막 칠 자리도 캐나다 땅만큼이나 넓었습니다.

설산에서 불어오는 바람으로 밤에는 날씨가 만만치 않았습니다. 그래도 이곳에 올 때 연평균 기온에 밤 기온까지 감안한 조심성 덕에 그럭저럭 밤을 세울 수 있었습니다.

캐나다의 여행 기본 시설에 감사해야 했습니다. 왕복 항공료를 빼면 국내에서 생활하는 기본 생활비에도 못 미치게 여행비가 듭니다. 돈을 사용하고 싶어도 사용할 곳이 없어 지갑 열 일이 없었습니다. 여행에 드는 경비 중 가장 많이 드는 항목 중 하나는 잠자리 값입니다. 우리 대원들은 모두 호텔에 숙박하라고 하면 사양할 것으로 압니다. 이런 야영장 환경은 호텔에서 잠을 자다가도 나와서 일부러 택할 것입니다. 현지에 머무는 41일간의 숙박 기간 중에 국제공항에서 서비스를 받아 모든 일정에 숙박비를 지불하지 않아도 되어 좋습니다.

음식 또한 한국에서 떠나올 때 집에서 즐겨 먹던 비장의 무기를 챙겨옵니다. 알아서 한두 가지씩 자전거 타고 다니기에 불편하지 않을 정도의 양으로 가져온 음식을 모두 합쳐 상을 차리면 어느 일류 뷔페식당 메뉴에 버금갑니다. 곁들어서 먹는 쌀과 고기는 이곳이 아니면 먹어볼 수 없는, 어느 주방장이 특별히 모시는 VIP 단골손님에게만 드리는 서비스같은 황금 밥상입니다. 이러니 일부러 여권이 잘 있나 확인하는 것 외엔 지갑 열 일이 없어 화폐의 기준 단위를 잊어버릴 정도입니다.

여행 경비 중 숙박비와 식비가 이런 방법으로 처리되면 남은 문제는 항공료입니다. 출발 지점은 LA로 정했었지만 비수기라 최하 10% 이상으로 D/C가 되는 시애틀로 정했습니다. 고구마 길에 아무 영향을 주지 않아 몇 달 전에 바꾼 결과 규정 요금의 50%의 가격에 티켓팅 할 수 있었습니다. 이렇게 하니 대충 여행비 전액이 국내 생활비에 못 미치는 수준이었습니다. 서부 유럽 지역이나 미주 지역은 이런 범주 내에서 여행비가 산출되지만 물가가 싼 동남아라면 또 다른 셈법으로 계산이 필요합니다.

그곳에서는 물가가 싸다고 해서 음식도 매번 사 먹고 호텔값도 만만하다고 잠자리도 가리게 되니 생각보다 여행비가 많이 드는 경우가 있습니다. 하지만 그래서 숙박 장비를 휴대하지 않아 가볍게 다니다 보니

20% 정도 여행길을 더 소화할 수 있는 장점이 있으니 결코 경비가 과소비 된다고만 치부할 것은 아닙니다. 그렇지만 순수한 비박은 눕고 싶을 때 장소를 가리지 않고 누울 수 있고 먹고 싶을 때 식성에 맞게 메뉴를 선택하여 언제나 시간에 구애받지 않는다는 큰 장점이 있습니다. 이보다 더 큰 장점은 현지와 스킨십을 할 수 있다는 절대적인 장점이 있어 나는 이를 고집하는 편입니다. 어떤 경우라도 자전거로 하는 동남아 여행은 일반 여행사에서 하는 여행비의 반값에 못 미칩니다.

20여 차례에 걸쳐 이런 방법으로 여행하니 여행비 지출에 대해 우리끼리도 너무 지나치지 않나라는 생각을 할 때도 있습니다. 하지만 여행비를 적재적소에 풍족하게 쓰고서도 만족도를 채우는 것이 마치 기록을 재는 것처럼 느껴집니다. 그러니 다음 여행은 어떤 방법으로 할까 하며 아이디어를 생각해내는 것도 여행의 일부라 생각하며 만족도를 찾으려 합니다. 헝그리 정신으로 접근하는 것이 아닌 이런 방법으로 외화를 절약할 수 있다는 방법을 중히 여기므로 조그만 성취에 만족감을 얻기 위함도 있습니다.

오늘도 주차비와 입장비가 무료로, 돈 한 푼 들지 않고 제스퍼로 향하는 시원한 공원길을 달렸습니다. 청풍은 이제 안장에 엉덩이가 자리를 잡아가는 것 같이 보입니다. 대견스럽습니다. 대다수의 초심자는 이런 투어에 참가비 면목으로 호된 신고식을 하게 되는데 무혈입성하는 것같이 보여 한편으론 장해 보이고 또 한편으론 섭섭하게도 보입니다. 오늘 자전거 안장 위 청풍의 모습을 보니 이제 청풍 앞에서 고참이라고 텃세를 부릴 수 없게 됐다는 것을 알 수 있습니다. 신고식 없이 입회가 되었다면 다음 과제를 하나 더 안겨주어야겠습니다.

"빨리 가려면 혼자 가고 멀리 가려면 함께 가라."

별다른 뜻이 있는 말이 아닌 데도 자전거에 입문한 지도 20년이 다된 오늘까지 이 말을 실행하기까지는 숱한 난관이 있다는 것을 모르고 지내왔습니다. 아직까지 그 말의 본뜻을 모르고 그 주위에서 맴돌고 있습니다.

말의 전체 뜻은 안전과 협력이라는 것을 최우선하라는 뜻에 귀결된 것으로 알고 있습니다. 서두르지 말고 주위를 살펴가며 안전을 우선하라는 말의 참뜻은 수신제가(修身齊家)하는 자세로 먼저 자신을 알고, 자신에게 합당한 자세를 가지고, 겸허한 마음자세를 가져야 한다는 뜻일 것입니다. 삶 자체를 자전거 타는 모습과 비유해서 하는 말이라고 보면 멀리 가려면 멀리 자전거를 동행할 수 있는 사람이 있어야 한다는 전제입니다. 주위와 융화되어 포용하고 개방된 마음을 가지고 세상을 따뜻한 눈으로 바라보라는 뜻입니다.

그 말을 실천해나가는 것에는 시간도 돈도 필요하지 않은데 그거 하나 지켜가지 못하고 이 나이에 아직 허둥대고 있느냐고 나무람을 받을 때가 있습니다. 빨리 가려면 혼자 가고 멀리 가려면 함께 가라는 말의 본뜻이 오늘 청풍이 타고 가는 자전거에 조금은 묻어 나오는 것 같아 보여 함께 가는 길이 즐거움의 연속이었습니다.

자전거 타기는 여러 목적을 두고 하는 것에 따라 그 성격을 분류할 수 있습니다. 순수한 교통의 목적이라든가 또는 시간과 장소를 정하여 운동을 목적으로 하는 것과 아니면 우리처럼 관광과 이동의 교통수단으로 하는 것도 있습니다. 결과에 따라 자전거 타기 성격이 정해지기 때문에 처음 시작할 때부터 철저한 목적의식에 의하여 출발해야 합니다.

우리처럼 행선지를 정하고 관광 겸 교통수단과 운동이라는 두 가지 목적으로 하는 자전거 타기는 일반적으로 자유분방하게 타는 것과는 다릅니다. 일정한 코스와 짜여진 일정을 단체로 성취해야 된다는 목적에 의해 실행되는 강제되지는 않지만 철저한 규범을 지켜야 합니다.

자전거를 타며 다니는 도로는 자동차와 보행하는 사람과 같은 도로에서 이용합니다. 때문에 나라마다 교통 법규가 다르고 도로에 따라서 사용하는 우선권이 다르기 때문에 사고는 항상 잠재되어 있는 위험한 이동 수단이라는 것을 잘 알고 임해야 합니다.

처음 입문하는 사람에게는 어느 수준까지는 꼭 보호해주어야 할 의무를 가진 전담 보호자 겸 동행자가 필수입니다. 이번 여행과 같은 자전거 여행에 처음으로 참가하는 것을 일반 패키지 여행처럼 생각해선 절대 안 됩니다. 청풍과 같이 모터바이크를 오랫동안 운행했던 경험자도 처음부터 초보자 자세로 임했기 때문에 레슨이 가능했다고 봅니다. 제 경우는 처음 시작할 때 후견인 없이 시작했습니다. 전담해서 보호해주는 사람 없이 시작할 때, 저의 안전 지표는 교통 법규도 아니고 그간에 운전으로 쌓았던 경험도 아니었습니다. 스스로 딱 정한 것은 바로 앞사람의 엉덩이였습니다. 누구에게 이 말을 하면 웃기려 하는 말로 듣지만 아주 순수하고 거룩하다고 할 수 있는 저 나름의 교육 지표였습니다.

북 미 를 횡 단 하 다

그 엉덩이가 나의 생명을 지켜주는 안전판이라고 생각하고 그 엉덩이가 시키는 대로 하겠다고 생각하며 경험이 많아 보이는 사람의 뒤를 따라 일거수일투족을 그림자처럼 따라다녔습니다. 내가 실수하지 않는 한 경험 많은 앞사람이 안전하다면 나도 따라서 안전을 보장받는 것으로 알고 지금까지 타고 다니다 보니 자전거만 타면 앞사람의 엉덩이가 나의 계기판이 되었습니다.

경험이 많은 사람의 뒤만 따라다니다 보니 능숙하게 배워가는 것을 느낄 수 있었습니다. 도로 사정에 따라 변속하는 것, 오르막 내리막에 대처하는 방법 등을 그 엉덩이가 선생이 되어 가르쳐주었습니다. 엉덩이가 가르쳐주는 대로 따라서 하려다 보니 체력의 차이를 느낄 때도 있었습니다. 그럴 때는 극기운동이라는 한 과목을 더 한다고 생각하며 단련의 과정으로 받아들이니 어느새 훌륭하게 소화할 수 있었습니다. 스스로 놀라운 괴력이 생겨 한 단계 더 성장한 나의 모습에 만족감을 느끼며 체력의 차이는 그렇게 극복이 되었습니다. 기술의 벽은 처음부터 배운다는 자세 이전에 흉내 내어본다는 것에 초점을 맞추다 보니 궁하면 통한다는 말을 실감할 수 있었습니다. 그렇지만 노력과 집념만으로 넘지 못하는 벽은 단 한 가지 있었습니다. 연령은 어쩔 수 없었습니다. 하지만 그것도 제가 먼저 변하면 문제될 것 없다는 생각으로 이제까지 무난히 지내오고 있는 형편입니다.

어느 정도 경험이 쌓이다 보니 자각할 수 있는 것은 앞사람의 엉덩이가 어떻게 보이는가에 따라 그날 자신의 컨디션을 가늠하게 되는 것이 잘못된 판단이 아니었습니다. 앞서가는 사람의 엉덩이가 동글납작하니 보기 좋게 보이는 날은 자신의 컨디션이 그런 대로 좋다고 판단한다면 틀림이 없었습니다. 그렇지 않고 앞선 엉덩이가 뿔나고 험상궂게 보이는 날은 그날은 자신의 컨디션을 조심해야 하고 절제하라는 뜻으로 알아야 합니다. 가급적이면 험상궂고 넉넉한 엉덩이를 피합니다. 제가 항상 앞에 두고 따라가는 엉덩이는 두 가지로 나뉩니다. 엉덩이와 방댕이입니다.

히말라야 베이스캠프 5,600m를 넘어갈 때, 처음에는 앞서가는 어느 동료의 엉덩이를 나를 이끌어주는 계기판으로 생각하며 고갯길을 잘 넘을 수 있었습니다. 하지만 고소증에 머리가 깨질 것 같고 산소가 희박하여 가슴이 터질 것 같은 생사의 기로에 섰을 때부터 그 엉덩이는 나에게 타격의 대상이 되었습니다. 풀 한 포기 없고 나무 한 그루 없는 촉박한 고갯길을 아무것도 보지 않고 매일 8시간씩이나 그 엉덩이만을 바라보며 자전거를 탄다는 것은 맨땅에 헤딩하는 것과 같았습니다. 앞 사람의 엉덩이는 콘크리트 덩어리나 돌덩어리로 보였습니다. 내가 선택하고 앞세우고 가야 할 대상은 하나같이 타격의 대상인 뿔난 엉덩이들뿐이었습니다. 그런 엉덩이를 아침부터 해질 때까지 보고 간다고 생각하니, 지금도 그때 힘들었던 것이 떠올라 제발 그런 엉덩이 다시는 보고 싶지 않다고 기원하게 됩니다. 하지만 그게 마음대로 되는 것은 아니니 어떤 엉덩이를 봐도 예쁘게 보기 위해 항상 나의 컨디션을 신경 써야 합니다.

'어떤 엉덩이를 보며 가고 싶나요?' 하고 누군가 묻는다면 동글납작하고 어딘지 모르게 빈티가 나고 보호심을 불러 일으키는 연약한 방댕이를 보며 가는 것을 선호하는 편인 것 같습니다.

청풍의 엉덩이는 정반대입니다. 처음에 입문했을 때는 밀어주고도 싶었고 당겨도 주고 싶었지만 이제는 오히려 내 자전거를 압박하려고 합니다. 무엇을 믿고 그렇게 사나워졌는지 사람 모양도 그렇게 변해가는 것 같이 보였습니다. 그렇지만 아직은 앞세우고 가야 내 마음도 든든해지고 또한 편하니 아직까지 보듬어가야 할 대상이라 여기게 되는 것은 무슨 까닭인지 모르겠습니다.

7

모레인 호수
Lake Morain

　루이스 호수에서 출발하여 부지런히 달려온 시간이 1시간이 경과되었으니 15km 정도 떨어져 있는 것 같습니다. 밴프 국립공원 내에 있으며 호수의 북쪽에서 탬플산과 보우 산맥의 일부가 시작됩니다. 흑곰과 회색곰, 큰뿔양, 산양, 엘크와 말코손바닥사슴을 포함한 다양한 야생 생물이 살고 있습니다. 모레인 호수 뒤에 하늘을 찌를 듯이 우뚝 솟아 있는 10개의 산봉우리들, 텐 픽스(Ten Peaks)라 불리는 열 봉우리의 산 아래에 정적이 깃든 에메랄드빛의 호수를 보고 월터 윌콕스는 이렇게 썼습니다. "그 어디에서도 이곳처럼 가슴 설레는 고독감과 거친 장대함

을 느낄 수 있는 곳은 없었다." 1899년 이 호수를 발견하고 '모레인'이라
고 이름을 붙인 윌콕스는 자신의 눈앞에 펼쳐진 풍경에 깊은 감명을 받
은 나머지 이보다 더 아름다운 호수는 본 적이 없다고 말한 것입니다.
그리고 이 풍경을 음미했던 삼십 분의 시간은 인생에서 가장 행복한 순
간이었다고 토로했습니다.

월터가 어째서 이 호수를 보고 경탄했는지는 호수 위로는 정상이 얼

음으로 덮인 웬켐나 산이 우뚝 솟아 있는 것이 말해줍니다. 높이가 914m에 달하는 이 산은 가파른 벽처럼 호수의 동쪽을 에워싸고 있고 호수 하류에 지금 내가 앉아 있는 곳은 상류에서 떠내려온 폐목이 불규칙적으로 자연사로 생긴 나무인 것 같았습니다. 이렇게 아름다운 호수 위에 고사목을 그대로 방치한 것은 미관을 해친다고 생각하겠지만 나의 생각으로 좋게 본다면 호수의 물을 정화하는 필터 역할을 하기 위해 그대로 방치해둔 것이 아닐까 생각합니다. 또 나름대로 추측해보기로는 카메라 조도(밝기) 맞추는 색 필터 역할에도 일조하고 있는 것이 아닐까 합니다. 고사목이 뗏목처럼 장치되어 에메랄드 호수의 색과 조화를 이루어 호수의 자연미를 돋보이게 하는 설치물로도 보이는 역할을 합니다.

좋은 것은 좋게 보면 한없이 좋게 보입니다. 한때 이 풍경은 20달러짜리 캐나다 지폐의 뒷면 그림으로 사용되기도 했다고 합니다. 1년 중 5개월만 일반인에게 공개되는 숨은 보석 같은 호수입니다. 지난 며칠 동안 청록색을 띈 호수만을 수없이 보고 왔지만 이 모레인 호수만의 특징이라면 호수를 둘러싸고 있는 눈 덮인 10개의 봉우리와 뗏목 형태를 한 고사목이 유명세를 만든 것에 일조한 것 같습니다.

누구나 청록색 호수를 보면 아름답다고 느끼며 만져보고도 싶고 그

속에 가까워지고 싶어 하는 욕망을 가지게 됩니다. 입지가 뗏목 위에 쉽게 올라갈 수 있는 위치에 개방되어 누구나 접근할 수 있었습니다. 그러니 뗏목 위에서 사진을 찍으려 올라타다가 나무 위에서 균형을 잃고 호수에 빠진 사람을 쉽게 목격할 수 있었습니다.

여느 나라 같으면 뗏목 위에 올라타다가 실족한다면 그 위에 나무가 덮여 익사할 수 있는 여건이 되니 이 나무를 수거해가는 방법을 쓸 터인데 자연은 자연히 두는 평범한 자연보호였습니다.

풍경이 아름다우니 아름다운 사진도 많았습니다. 이런 좋은 풍경을 배경으로 한 우리 동료들의 사진을 쓰고 싶은 유혹을 몇 번이나 받았으나 그 훌륭한 사진에 걸맞는 글을 쓸 수 없다는 자괴감에 몇 번의 오류를 범할 뻔했습니다. 사진에 맞는 글을 쓸 수 없다 보니 내가 찍은 사진으로 대체해서 써야 될 경우가 있었습니다. 사진이 없으면 찍어놓은 영상을 캡처하여 넣기도 했습니다. 그 나물에 그 밥이라는 말처럼, 그 사진에 그 글입니다.

매일 저녁마다 파티고 매일이 생일이었습니다. 여행 기간 동안 어느 사람이 굶은 적이 있었는데 몇 년 전 태국 여행을 하던 9월 초순으로 기억합니다. 그때 3~4일 사이로 생일이 세 사람이나 겹쳐 있었습니다. 이 일행 중에 코비아 님과 청풍이 있었던 걸로 기억합니다. 여행 중에

소 한 마리

생일이라고 별다른 밥상을 차려준 적이 없었습니다. 못 먹고 못 살았던 옛날엔 생일날 별식으로 잘 얻어먹는 날로 알고 잘 먹는 날을 생일날이라고 했습니다. 그런 날이라면 우리 여행 기간 동안 매일이 생일 밥상의 연속이었습니다.

피로가 쌓일 시간이 없었습니다. 일어섰다 하면 달려야 했고 앉았다 하면 파티였고 먹었다 하면 초특급 소고기였습니다. 이렇게 먹다 보면 캐나다 소가 남아나지 않을 것 같았습니다. 두껍게 썬 고기의 모양새가 무등산 자기 손 두께에 맞춘 것 같아 자기 인심을 대한 듯 보였습니다. 비프가 두꺼운 만큼 육즙도 넉넉하여 오크통에 들어가기 전에 신맛이 강한 달콤한 와인의 순수한 맛과 겸하여 한 달 동안 먹었더니 이제는 그만이었습니다.

타카카우 폭포(Takakkaw Fall)

듣기로는 사람마다 식성이라는 것이 있는 모양인데 한 사람도 싫증내는 사람이 없었습니다. 자전거 타는 뽄새만큼이나 식성도 스마트했습니다. 그래서 한 팀이 되었고 한 통속이 되었습니다. 오늘은 남은 밥에 물 끓여 부은 솥에 라면 몇 개 풍덩 하면 누룽지 라면이 되고 그 죽을 알뜰히 먹다 보면 솥 밑바닥을 봅니다. 그때 키친타올 한 장이면 깨끗이 설거지를 할 수 있으니 일타삼매 쓰리고(Three Go)로 갑니다.

타카카우(Takakkaw)란 원주민 인디언 언어로 "굉장하다(It is magni-ficent)"라는 뜻이라 합니다. 캐나다에는 로키산이 깊다 보니 가는 곳마다 크고 작은 폭포가 있었습니다. 지형적인 조건은 로키산이 둘러져 있었으며 태평양의 기류 변화로 여름철에는 와푸틱(Waputic Icefield)의 달리 빙하(Daly Glacier)가 녹은 물과 내렸던 빗물과 합쳐진 물의 양이 많아 태평양으로 흘러들어 갈 때 폭포를 이룹니다.

타카카우 폭포의 낙차 길이는 캐나다에서 가장 긴 254m나 되고 폭포의 총 길이는 384m로 캐나다에서 나이아가라 다음으로 큰 폭포라 합니다. 타카카우 폭포를 정면에서 볼 때 뷰 포인트로 놓아둔 레드 체어(Red chair)에 앉아서 보면 폭포 뒤에 아무것도 없이 하늘 아래서 쏟아지는 물폭탄 같이 보입니다. 우리나라 속담에 마른 하늘에 날벼락이라는 속담의 근거지라 해도 될 듯합니다.

참고로 캐나다에서는 우리나라 자전거 종주 길에 인증도장 찍듯이 레드 체어(Red chiar) 프로그램이란 것이 있어 이 빨간 의자를 배경으로 해서 사진 찍는 모습을 많이 볼 수 있었습니다. 파란 의자도 가는 곳마다 있어 보기가 좋았다고 생각했습니다. 오늘 유심히 관찰해보니 파란색 의자나 빨간색 의자는 색깔만 달랐지 디자인이 같은 모양이었습니다.

우리가 누굽니까. 청풍의 건장한 모습과 타카카우 폭포와 견주어봤습니다. 이곳의 폭포는 빙하가 녹은 물로 이루어진 폭포이기 때문에 겨울철에는 녹는 물이 적어 수량이 다소 변동이 있다고 합니다. 지금 이 철은 성수기 철인가 봅니다.

여기에서도 자전거를 타고 폭포가 떨어지는 전방까지 갈 수 있었습니다. 그랜드 캐니언의 면사포 폭포는 3단으로 이루어졌지만 이곳 폭포는 2단으로 떨어져 떨어진 탄성에 의해 벼락 치는 소리로 들리고 바위에 부딪쳐 흩어지는 물방울 밑에만 가도 비누 한 장만 가져가면 샤워도 하고 빨래는 자동으로 할 수 있어 옷을 입은 채 자전거를 조금만 타고 내려오면 짤순이를 만날 일도 없어집니다.

재스퍼 국립공원(Jasper National Park)

2장

먼 길을
돌아서 오지 않아도

사필귀정(事必歸正)

강물은 흘러갑니다. 흐르는 강물은
윤회와 동행해서 다시 돌아올 것으로 알고 있습니다.
다시 돌아온 모습이 어떤 모습일 것인가는
지금 네 생활이 그 이름을 짓고 있는 중입니다.

자전거에게 물어봅니다. 보람찬 날도 있었느냐고
나무 위에 올라탄 자전거는 만족에 겨워 행복하였노라고
사과나무 위에 올라탄 자전거는
먼 길을 돌아서 오지 않아도 지금의 이 모습이라고

다시 돌아와도 이 모습으로 돌아올 것으로 알고
옷깃을 여미며 무겁지 않을 만큼의
희망과 욕망을 싣고 흐트러진 모습이 되지 않기 위해
내일의 내 모습을 다듬어 가는
나무 위에 올라탄 자전거 이야기입니다.

1

재스퍼

Jasper

    미국 쪽 로키 산맥 지역에서 글레이셔 호수와 연결된 캐나다 밴프 국
립공원으로 바로 연결하여 달렸습니다. 밴프 국립공원에 있는 호수의
그 아름다움에 정신이 빠져 그것이 어느 나라에 있는지도 모르고, 나라
만 달랐지 같은 로키 산맥에 있는 관광지이니 미국과 캐나다 국경을 넘
어 여행한다는 것을 잊어버리고 다녔습니다. 국경에 대한 개념 없이 다
니다 보니 캐나다 쪽의 로키에 대한 자료를 볼 기회가 없었습니다.

    세계에서 두 번째로 긴, 무려 4,500㎞에 달하는 로키 산맥(Rocky

Mountains)에서 캐나다에 있는 부분만 캐나다 로키 산맥(Canadian Rocky Mountains)이라고 말합니다. 거기에는 재스퍼(Jasper), 밴프(Banff), 요호(Yoho), 쿠트네이(Kootenay) 등 4개의 캐나다 국립공원과 롭슨(Robson), 햄버(Hamber), 아시니보인(Assiniboine)이라는 3개 주립공원이 있는데, 이런 관광지는 앨버타(Alberta)주 혹은 브리티시 콜롬비아(BC)주에 속하거나 2개주에 걸쳐 있습니다.

먼저 재스퍼 국립공원(Jasper National Park)에 속하는 여러 관광지 중에서 말린 호수, 그저께 다녀온 애서배스카 강의 아이스 필드와 폭포 이야기를 먼저 하려고 합니다.

캐나다에서 두 번째로 큰 말린 호수(Maligne Canyon)의 물이 북쪽으로 흘러 말린 강(Maligne River)이 되어 흐르다가 메디신 호수(Medicine Lake)를 만들고, 이 메디신 호수의 물이 흘러서 말린 협곡(Maligne Canyon)을 이루고, 다시 애서배스카 강에 합해집니다. 말린 호수는 재스퍼 국립공원에 있는 많은 관광지 중에서 가장 크고 넓으면서, 몇 가지 액티비티(activity)를 즐길 수 있는 곳입니다.

순서로 따지면 제일 먼저 말린 호수에 대하여 글을 써야 하는데, 우리는 밴프에서 오는 도중이라 애서배스카 강(Athabasca River)의 아이스 필드와 폭포를 먼저 둘러보게 되었습니다.

어제 재스퍼 국립공원의 애서배스카 강과 아이스 필드를 보고, 오늘 재스퍼로 가는 길입니다. 제대로 자전거를 타고 이곳 말린 호수 (Maligne Canyon)에 오게 되었습니다. 이런 자연이 만든 성지 같은 순수한 곳에 내 육신만 와도 미안하고 부끄러운데 자전거까지 왔으니 받아주시려나 조심스럽게 다가섰습니다. 이제까지 분수대로 살아가려고 노력해왔으니 한 번쯤은 좀 지나친다 해도 용서하시리라 믿습니다. 산 모양만큼이나 그의 마음도 너그러울 것으로 알고 경건한 마음으로 성스러운 자연의 그 품에 조심해서 안겨보려고 합니다.

밴프에서 호수 관광을 끝내고 이제 로키의 속살을 탐방하는 길에 올라서고 보니 여행 기간을 한 달 채웠습니다. 23일간에 걸쳐 미 서부의 공원과 공원을 이어가는 공원 탐방을 끝내고 캐나다 쪽에 입성하고 보니 두 나라의 관광 포인트가 확연히 다른 것이 느껴집니다.

미국과 캐나다 쪽을 크게 나눠보면 높이와 색깔이 선명하게 달랐습니다. 같은 로키 산맥의 자락에 위치하고 있으면서 달라도 어떻게 이렇게 다를 수 있을까요?

첫 번째로 산이었습니다. 미국과 캐나다 쪽의 높이가 달랐습니다. 미 서부 쪽에서 높은 산을 몇 봉우리는 볼 수 있었으나 캐나다와는 달랐습니다. 미국 쪽은 봉우리가 이어지는 정도의 높이는 없었습니다.

두 번째로 호수였습니다. 캐나다 쪽은 산이 높은 것만큼 골이 깊어 기온의 차이가 큽니다. 또한 태평양 기압골 영향으로 강설량이 많아 수량이 풍부하여 호수를 이룬 곳이 많습니다. 대다수의 관광 자원이 호수의 독무대입니다. 속된 말로 호수를 빼면 시체나 다름 없습니다.

세 번째로 색깔이었습니다. 대상물이 미국 쪽은 바위와 흙이라면 캐나다 쪽은 호수로, 자연이 뿜는 색깔이 달랐습니다. 특별하게 달리 보이는 것은 미국 쪽의 지층 변화로 생긴 협곡과 협곡을 이어온 캐니언의 색입니다. 미 서부 쪽은 그랜드 캐니언이나 자이언 캐니언과 같은 붉은 황토색, 아니면 옐로스톤과 같은 황금색이었습니다. 이런 흙과 바위의 색이 태양 빛이 반사되는 것에 따라 다양하게 나타났습니다. 캐나다 쪽은 석회질을 함유한 빙하수가 태양의 빛에 따라 색의 변화를 이루었습니다.

네 번째는 자전거 여행의 편의성이었습니다. 미국 쪽은 자전거 여행하기에 굴곡이 심하지 않아 도로 선택의 폭이 넓어 즐길 수 있는 여지가 많았지만 캐나다 쪽은 자전거 타기에 굴곡도 심할 뿐만 아니라 관광지에 자전거 입장 자체를 제한하는 곳이 많았습니다.

자전거로 여행하기에는 미국 쪽이 더 경쾌하고 율동적으로 움직일 수 있어 관광과 겸해 운동으로도 즐길 수 있었으나, 캐나다 쪽은 이동 수단을 자전거로 하기에는 부적합하다고 보여졌습니다. 이러한 관점은 자전거를 편애하는 나의 개인적인 의견으로 일반적인 견해가 아님을 밝힙니다.

그나마 준프로 님의 기획으로 한쪽은 협곡을 겸비한 산하, 또 한쪽은 설산과 호수로 콘셉트를 정하고, 기간도 양쪽 다 20일씩으로 하여 양 국가에 볼 만한 것은 차량을 지원받아 다니며 속속들이 다 보고 다녔다고 자부하게 됩니다. 여행을 각각 지역 특성에 맞게 둘로 나누어 기획한 것이 여행의 질도 높였지만 일행들의 체력 안배도 신경 쓴 결과라고 보입니다.

아서배스카 빙하(Athabasca Glacier)

이곳에는 세계에서 유일하게 빙하 위로 관광객을 태우고 다니는 버스가 있습니다. 버스가 다니는 얼음판 위 길은 400년 전부터 내렸던 눈을 다지고 다져서 자동차가 다닐 수 있게 개설한 도로라고 합니다. 이 빙상 위로 다니는 차의 정원은 30명 내외입니다.

몇 년 전에 설상 버스가 전복된 사고로 탑승 인원 중 7명이 사망하고

아서배스카 빙하(Athabasca Glacier)

20여 명은 중상을 입는 사고가 있었다고 합니다. 특수하게 제작된 운송 차량은 안전 운행을 위해 특수하게 제작된 타이어를 가지고 있습니다. 타이어 높이가 보통 사람의 키 높이(160cm)였습니다. 원경이 크고 지면과 접착 면적이 넓으면 제동거리도 짧아진다는 과학적인 근거로 제작한 타이어입니다. 지구상에서 이곳에만 사용하는 이 특수한 타이어의 1개 값이 소형차 1대 값에 육박한다고 하니, 운행 경비가 비쌀 수밖에 없다고 봅니다.

저도 몇 년 전에 한 번 탑승한 적이 있습니다. 하나의 이벤트라 생각하고 버스를 이용할 수도 있지만 짧은 거리에 필요 이상의 요금을 주고 탑승하기가 아깝고 시간이 여유 있는 사람이라면 트래킹을 추천하고 싶습니다. 도보로 올라가도 30분도 걸리지 않는 거리이기 때문입니다.

몇 년 전에 제작한 전단지와 빙하가 녹기 전에 소개된 책자에는 아이스 필드의 규모가 가로 230m, 세로 365m, 높이 7m로 표기되었지만 지구의 온난화로 빙하가 많이 녹아내린다는 것을 알리기 위해 연도별로 표시된 것을 볼 수 있었습니다. 표시된 거리 표지판은 진입 도로 앞에 세워 매년 아이스 필드가 녹아내리는 길이를 표시한 것입니다. 인간이 자연을 보호해야 한다는 경각심을 일깨워주는 것 같습니다.

물론 경사도에 따라 다르겠지만 2006년에 표시된 것과 현재 빙하가 있는 위치와 견주어봤을 때, 이런 속도로 온난화가 진행된다면 재스퍼가 자랑하는 아이스 필드가 머지 않아 이 지구상에서 사라지게 될 것으로 보입니다.

2006년에 있던 빙하 위치 표시 팻말

우리나라 자전거 길

미 서부 쪽의 캐니언, 캐나다의 호수와 설산을 둘러보는 자전거 길은 경관은 아름다우나 자전거 여행이라는 근본적인 취지에는 조금은 미흡하다는 생각이 들어 아쉬움이 남습니다. 미국과 캐나다는 세계적인 관광자원을 보유한 국가들이지만 자전거 여행에 국한해서 생각해본다면 우리나라에 많이 미치지 못함을 느낄 수 있었습니다. 세 나라를 여행자의 기호에 따라 경중을 나눌 수 있지만 보편적으로 자전거를 기준으로 하는 여행이라면 한국 쪽이 좀 더 강점이 있다고 보입니다.

눈으로만 즐기는 관광과 몸으로 느끼는 관광이 있습니다. 이때 눈에만 너무 편중된 관광에 비해 육체에 담아가는 관광은 그 기억이 더 오래 갈 것이라고 생각합니다. 자전거 타고 가는 길은 어느 길이든 앞과 옆만 보고 가게 됩니다. 이곳에서도 일부 구간만 빼고 다 그런 길을 이용하였습니다. 한편 우리나라라면 사정이 다릅니다. 앞과 옆을 보며, 좌청룡 우백호로 양옆을 거느리고 호쾌하게 가는 길이 주류로 이룬 자전거 길이라 하겠습니다.

서해안 길이 대다수가 그렇습니다. 특히나 목포를 기점으로 신안, 여수, 고흥 등 남해안을 이르는 해상길은 고개 돌려볼 일이 없이 좌쪽은 남해 바다, 우쪽은 서해 바다를 가로질러가는 연육교만 신안 바다에서만도 11개소가 있어 부러워할 길이 없었습니다. 저는 지구의 각지에 자전거 길로만 지구의 씨줄로 한 바퀴 돌고 이제 날줄로 반은 돌아 든 길이지만 자전거 타는 길이라면 우리나라 자전거 길이 세계에서 제일이라고 하여도 얼마든지 증거를 제시할 수 있는 근거를 가지고 있습니다.

2

애서배스카 폭포

Athabasca Falls

  폭포를 보러 가는 길에 또 다른 명소가 생겼다고 해서 가보았습니다. 길 옆에 전망대가 있어 자전거 주차에 어려움도 없고 라이딩 도중 숨 돌리기에 좋은 장소였습니다.

  재스퍼 스카이 워크(Jasper Sky Walk)에서 유리 장막으로 된 깊이 280m의 낭떠러지를 보니 오금이 저렸습니다. 인간이 가장 공포를 많이 느끼는 높이가 8m에서 20m라고 하는데, 그보다 더 까마득한 아래 절벽은 다른 세상이었습니다.

애서배스카 폭포는 도로에서 건너 볼 수 있는 가까운 위치에 있습니다. 이번 여행 전에 다녀왔던 기억이 있어 그때를 떠올려봤습니다. 낡은 기억이지만 그때 보았던 기억이 잊을 수 없도록 새로웠습니다. 폭 50m 이내, 깊이가 23m의 작은 폭포였습니다. 그러나 이 폭포를 본다면 폭포를 보는 눈이 달라지리라 봅니다. 폭포의 규모나 크기와 넓이가 평가되는 기준이 아님을 알게 됩니다. 아마 그렇기 때문에 폭포가 많이 소개된 것 같습니다. 엄청난 수량과 속도입니다.

로키 산맥에서 가장 웅장하고 숨막히는 폭포들 중에서, 애서배스카 폭포는 둘째라면 섭섭합니다. 강의 상류는 남쪽으로 70km 정도 떨어진 콜롬비아 빙하에서 시작되었다고 합니다. 큰소리를 내며 모래와 바위를 나르며 질주하는 물은 순전히 자기 힘만으로 다듬은 절벽들과 구혈

이 생성된 좁은 협곡을 가로지릅니다. 캐나다의 폭포는 강이 먼저인지 폭포가 먼저인지 물어봐야겠습니다. 그 물이 흘러 갔다가 모이는 곳이 애서배스카 호수라 불리고 그 물이 또다시 제 갈 길을 찾으면 애서배스카 강의 줄기를 이룹니다. 이 강줄기가 모이는 곳에서 이런 애서배스카 폭포(Athabasca Fall)가 이루어집니다. 우주만물의 윤회의 현장을 보는 듯합니다. 어느 것이 먼저인지 설산을 덮고 있는 눈에게 물어도 봤지만 자기도 대답할 수 없다고 합니다. 자신도 어디에서 와서 어디로 갈 것인지 모른다고, 다만 알 수 있는 것이란 눈이 녹아서 물이 되었다가 고체가 액체가 되었다가 어떤 때는 기체로 변할 때도 있고 다시 물로 돌아와 윤회가 계속되는 지구의 자전과 공전이 있다는 것뿐이라고 합니다.

캐나다의 어느 명소에 가봐도 눈, 호수, 강물을 3종 세트로 구경할 수 있었습니다. 하얗게 단장한 설산을 보고 있노라면 아래로 어느새 눈 녹은 물이 파란 숲을 지나서 모여 만든 호수를 보게 되고, 호수를 건너다 보면 흐르는 강물을 보게 됩니다. 이렇게 말해도 이의 제기할 사람이 없을 걸로 알고 지구가 자전을 하듯 자전거도 공전하여나가야 했습니다. 하지만 물의 힘으로 주위의 바위가 기묘한 모양의 조각이 된 것을 보고 있으면 지축을 흔드는 폭포가 피어나게 한 물안개 속에서 햇빛이 비쳐 생긴 무지개를 통과하여 보기도 합니다. 이러한 절묘한 관경을 보기 위해 지나가는 행인들 누구나 한 번씩 들린다고 합니다.

시래기 된장국

세 살 때 버릇 여든 살까지 간다고 하더니, 우리 팀의 손맛이 되어주신 선바위 님이 그 근성 어디에도 못 버리고 오늘 저녁은 한국에서 먹던 그대로 먹게 될 것이라고 준비하고 있었습니다. 어디에서 구해왔는지, 배추 시래기를 구해왔습니다. 보아하니 시래기가 쓰레기는 아닌 것 같았습니다. 이 시래기에 5대째 내려온 비장의 무기, 모든 맛을 제패했다는 천하통일 조선 된장을 넣어 궁합을 맞추면…. 선바위 님의 손맛이 어떤 맛을 낼지 벌써 침 넘어갑니다.

에메랄드 호수 근방에 텐트를 차렸으니 에메랄드 호수의 물을 사용했습니다. 마실 수는 없다는 석회수로 했는데 에메랄드 색깔이 배추 색깔까지 물들일까 걱정되지만 일단 입안에 넣어만 주면 소화는 자전거가 알아서 해결해줄 것이니 걱정할 것 없고 양만 넉넉했으면 좋겠습니다.

자캠 여행에 몇 번 동행하게 되면 팀원들끼리는 한 뱃속에서 나온 사람처럼 식성도 한통속이 되어 음식 남길 것이 없어집니다. 자전거 타고 온 뒤라 배에 거지가 들어 있는 것처럼 항상 모자라서 껄떡거립니다. 오늘 저녁 메뉴가 기대되는 것은 가끔씩 발효 음식을 먹어줘야 하기 때문입니다. 조리하기 쉽고 보관하기 쉽다는 이유로 이곳 식으로 육식을 계속 먹게 되니 무언가 체내에 분해되지 않는 것이 쌓여 있는 것 같다는 생각이 들어 개운하지 않을 때가 있습니다. 그럴 때 오늘 저녁처럼 시래기에 된장 풀고 고기 몇 점 넣어서 맛을 맞추고 고춧가루 듬뿍 넣어 먹으면, 된장 국물과 김치가 합세하여 그동안 몸 안에 있던 거북한 것들을 말끔하게 청소해줍니다.

지금까지 살아왔던 오랜 관습과 습성 탓에 식성을 바꾸기 어렵고 새로운 것은 거북하여 받아들이지 못한다고 하지만, 자캠에서는 그런 한계가 없어집니다. 누구 하나 권하는 사람도 없고 주는 사람도 없다 보니 자기가 알아서 찾아 먹어야 합니다. 안 먹고서는 따라갈 수 없기 때문에 입안에 주워 넣고 봐야 합니다. 몇 번인가 이런 생활을 하게 되면 음식에도 격이 없어지듯 대원들 간 관계도 격식이 없어지면서 그 자리에는 융화와 배려가 자리 잡게 됩니다.

어찌하다가 청풍에게 문제가 생긴 것 같습니다. 초년생이 적응력이 빨라도 너무 빨라 탈이 생겼습니다. 자캠 생활을 하다 보면 자기 취향에 맞는 것이든 해가 되는 것이든 자기 지분은 꼭 차지하려는 경쟁 심리가 생깁니다. 자기 취향에 맞지 않다고 양보하는 것이 무슨 큰 손해를 보는 일처럼 느껴져서 꼭 자기 몫은 챙기려는 생각을 가지게 됩니다. 그래서인지 술잔을 양보하기도 했던 청풍은 요즘 그런 내색을 보이지 않습니다. 내가 가장 섭섭하게 되었습니다. 이런 병은 주사로도 안 되고 약으로도 치료가 안 됩니다. 평소에는 막걸리 한잔밖에 하지 못하던 사람이 요즘은 도를 넘어 남의 술잔까지 넘보게 되었습니다.

연달아서 준프로 님도 인심 좋은 무등산 님을 따라가려고 하는지 막걸리 한 병 더 챙겨야 했습니다. 무등산 님 다리 힘이야 걱정할 것 없으니 준프로 님 그 기세 영원하기 바랍니다.

어느 팀에서 생긴 일이었습니다. 중장비 운영하는 직업을 가진 분인데 15일간 러시아 쪽에 함께 여행한 적이 있었습니다. 그쪽 지방은 육식이 주식이라 돼지고기를 먹지 않으면 굶어야 했는데 몇 끼 동안은 음식을 먹지 못했습니다. 동행인들도 보기 민망했지만 도움을 줄 수 있는 방법이 없었습니다. 그러다 어쩔 수 없이 조금씩 먹게 되더니 나중에는 우리보다 더 잘 먹게 되었던 것을 보았습니다. 여행 끝나고 난 뒤 만난 자리에서는 점심을 고깃집으로 안내하더군요.

저에게는 음식에 별다른 기호식품이 없습니다. 어떤 영양사나 조리사가 권고하는 말은 참고로만 듣는 편입니다. 자기에게 가장 필요한 식품은 자기 몸이 먼저 아니 몸이 가리키는 대로 충족시켜주면 된다고 생각합니다. 원초적인 본능이 조력자이자 의사라고 생각하여 누구의 권고도 잘 듣지 않습니다. 평소에 생각하기로는 한약방에 가면 산천초목이 약이 아닌 것이 없고, 의사에게 물었을 때 어느 것이든 하라고 하는 긍정적인 대답을 들을 때가 없으며, 최종적인 결과는 제가 져야 하니까 냉철하게 판단하려고 합니다.

저는 오랫동안 지병을 가지고 살아온 사람입니다. 특별하게 맛이 있다고 해서 알아보면 전부 당뇨에 해로운 음식이니 틀림없이 맛있는 음식만 제한하면 되는 것 같습니다. 이제는 맛있다고 느껴지는 모든 음식이 해로운 음식 같기도 합니다. 문제는 맛없는 것이 없다 보니 먹을 것이 없어졌다는 것입니다. 모든 음식이 경계 대상이 되고 보니, 자전거가 판단해주는 듯하여 자전거가 요구하는 대로 따라 먹게 되었습니다. 모든 음식이 검문 없이 입안으로 들어가니 음식 조절은 도로아미타불입니다.

자전거 동호인들은 음식을 가리지 않습니다. 그래서 더 자전거를 타게 되나 봅니다. 음식을 선택할 여지가 많을 때를 제외하고, 내가 좋아하는 음식을 다른 사람도 좋아할 수 있다고 생각하고 그러니 해롭지 않을 거라고 긍정적인 생각으로 결정합니다. 그렇게 자신을 표준으로 사니 거칠 것이 없어 좋습니다. 때에 따라 그들의 삶이 제 표준이 될 때도 많지만 대체적으로 가릴 것이 없어 편해 좋습니다.

어디를 가나 자전거 타는 사람에게는 고정 메뉴가 있습니다. 택시 기사가 많이 모여 있는 곳에는 택시 기사들의 선호하는 음식이 있듯이 자전거 타는 사람들에게도 좋아하는 음식이 따로 있습니다. 식사 때가 되어 '무엇으로 정할까?' 생각 중일 때 떠오르는 것입니다. 그러나 맛의 유무를 따지기 전에 시간을 중시하는 경향이 있어 의정부 쪽은 무엇이 유명하고 팔당 쪽은 어떤 것이 좋고 행주산성 쪽은 무엇이 맛있다는 등을 알려고도 않으니 편한 대로 하면 됩니다.

3

말린 호수

Maligne Lake

　오늘은 어제저녁 먹은 것이 있어 페달 밟는 발이 모두 가볍게 보였습니다. 며칠 동안 잔설이 덮인 산과 에메랄드 물 색깔만 보고 다녔더니 자전거도 싫증났는가봅니다. 호수로 가는 길이 조금은 숨이 차오른다고 느껴질 때 벌써 도착했습니다.

　캐나다에 와서는 눈만 돌리면 호수요, 설산이었습니다. 하나에서 열까지 기상천외한 것이라고 해서 도착해보면 전부 호수였습니다. 캐나다와 미국이 조금은 다르게 느껴지는 것은 미국 쪽은 한 달 동안이나 협곡과 협곡을 이어서 다녔지만 어떤 곳은 아주 깊었고 또한 어떤 곳은 넓어 감당이 되지 않다가도 갑자기 돌출된 것도 있기도 해서 항상 무슨 일이 일어나지 않을까 하는 연속되는 모험이었습니다. 그런데 이곳 캐나다는 눈을 돌리면 호수와 눈 덮인 설산밖에 없어 식상하게 생각될 정도였습니다.

그러나 냉철하게 생각해보면 캐나다 쪽은 높은 산과 호수만 있다고 나무랄 일이 아니었습니다. 원인은 자전거에 있었습니다.

오늘 같이 자전거를 타고 나와서 느껴보니까 캐나다에서는 앞이 막힌 설산만을 바라보고 가다가 몇 구비 돌아서 보면 보이는 것이란 호수뿐이었습니다. 그런 관계로 자전거는 자주 멈추게 됩니다. 그러니 질주 본능이 만족되지 않아 이놈이 그동안 답답했던가 봅니다.

오늘은 제대로 된 코스로 만족하게 달려줄려나 하고 모레인 호수로 향해 질주하였습니다. 스치는 바람도 옛이야기 그대로 전해주었고 부딪치는 길가에 풀잎도 다정이 맞이해주어 자기 집 안방에 온 것 같이 친숙하게 느껴졌습니다. 이런 것을 홈그라운드라 부르나 봅니다. 그동안 갇혀 있다시피 호수만 바라본 것이 잠시나마 넓은 들녘을 달리며 꽃향기 속에 제 기능대로 기지개를 펴고 보니 모레인 호수의 60km 길이 멀지 않았습니다.

어떤 운동은 사흘 쉬면 자신이 알고, 열흘 쉬면 동료가 알고, 한 달 쉬면 남이 안다고들 하지만 자전거는 금방 달아올랐다가 금방 식는 냄비 같지 않습니다. 열흘이고 한 달이고 방치해두었다가도 다시 한 번 어루만져만 주면 언제나 옛 사랑 기억처럼 되돌아옵니다.

제가 애용하는 자전거를 종류별로 갖추다 보니 3대가 되었습니다. 작은 놈(미니벨로), 중간 놈(엠티비), 큰 놈(로드 겸 하이브리드). 제각각 역할 분담하여 때마다 자기 소임을 다하고 있으니 어느 한 녀석이라도 소홀히 대할 수 없습니다. 하나하나 들여다보면 제각각 역할을 충실하게 다 해내온 알뜰한 놈들이었습니다. 그중에 가장 알뜰하게 사용하였던 것은 중간치 엠티비(Hummer)란 놈입니다. 3년 동안 내 친구가 소지하고 있었던 놈입니다. 처음에 입양해 올 때 온전한 몸으로 온 것이 아니었습니다.

자전거란 어느 소비재와 같이 쓰다가 없어지는 물건이 아니고 거의 영구히 보존되는 물건입니다. 게다가 항시 육신과 직접적인 관계를 유지하는 물건이라 선택할 때는 신중을 기합니다. 하지만 그래도 몇번이나 바꾸어야만 제 물건을 만날 수 있는 특색 있는 물건입니다. 이렇게 까다로운 물건이다 보니 의견을 많이 가진 우리 나잇대 사람들은 쉽게 결정하지 못하고 저에게 추천을 의뢰하는 경우가 더러 있습니다. 저는 그때마다 흡족한 조언을 하지 못하고 적당한 구실로 피하는 편입니다.

한동네 아래 윗층에 살고 있는 내 나잇대의 사람의 간곡한 부탁에 어느 샵에 들렀습니다. 마침 그 샵에 어떤 사람이 외국에서 온 자전거라 자기 체형과 맞지 않다며 다른 기종으로 교환해가며 남은 자전거가 그 친구의 체형에 꼭 맞는 것이었습니다. 가격도 좋았고 초보자에게 추천해도 욕은 먹지 않을 브랜드라 그 친구가 품게 되었습니다. 한 3년은 잘 이용하고 타고 다니다가 한참은 뜸하게 만날 수 없었던 차에 신체상의 어떤 변화로 인해 자전거를 탈 수 없게 되었다고 합니다. 그러면서 자전거 보관하기도 어렵고 해서 사용할 만큼 했으니 필요하다면 가져가 이용하기를 원하여 아무 생각 없이 자리를 비워준다는 생각에 내가 입양했습니다.

매월 만나는 모임의 회원이고 한동네에 같은 나이 또래의 사람이라 그 친구와 합석하는 자리가 가끔 있는 편입니다. 그때에 내가 소지하고 있는 노트북에 관심을 가지는 것 같아서 그 친구에게 안겨버렸습니다. 저는 노트북을 거치용 PC로만 사용하는 터라 별달리 필요가 없었습니다. 가격의 고하를 따지기 전에 '필요한 물건은 필요한 사람에게'라는 생각에 서로 주고 받는 격이 되었습니다.

그 노트북은 아들놈이 회사에서 신제품으로 선보이는 노트북이라고 하면서 선물한 것이었는데, 아무 생각 없이 주고 보니 아들에게 미안한 생각에 변명 거리를 찾아야 될 놈이 되었습니다.

경위야 어떻게 되었든 그렇게 입양한 그놈이 사용도가 화려한 전적을 쌓은 놈이 되었고, 이 미주 여행에도 동행했습니다. 그전에 45일간의 동유럽 여행에도 함께한 놈이라 앞으로 관리만 철저히 해준다면 얼마간 버텨줄 것 같은 녀석인데, 요즘은 자주 탈이 나서 자주 병원에 가는 편입니다. 그래도 아직은 손을 잘 보면 얼마 남지 않은 내 생애와 어쩌면 끝까지 동행할 수 있을 것 같은 녀석입니다.

어느 날, 우리 대원 한 분이 내가 자전거 타는 모습이 힘들어 보였는지 좀 더 힘이 덜 드는 새로운 기종으로 바꾸는 게 어떨지 이야기했습니다. 그분이 무척 하기 어려운 말을 해주었으니 고맙게 받아들였습니다. 다른 사람들은 자전거를 교통 수단으로만 생각하지만 저에게 자전거란 분신과 같습니다. 나의 신체의 한 일부분으로 생각합니다.

저 역시 힘들 때는 조금 편하게 가고 싶은 생각이 누구보다 강렬하게 듭니다. 게다가 최근에는 신소재로 만들어진 멋진 놈을 하나 장만하는 것도 형편에 큰 무리는 없습니다. 물론 그분은 충심으로 생각해서 권고한 말이지만 아직까지 관리만 잘하면 멀쩡하게 쓸 수 있는 것을 버리고 신소재로 만든 것을 구입하는 일은 그동안 우리가 살아온 삶의 근본이었던 것을 벗어던지고 시류에 편승해서 산다는 것, 과거에 살아온 시간을 수치스럽게 생각하는 것이라는 생각이 들어 쉽게 용납되지 않았습니다. 힘든 원인이 자전거에만 있는 것이 아니고 말입니다. 또한 어찌 되었든 갈 데까지 가보자는 생각이 들어 나의 힘듦에 기계적인 힘을 빌리고 싶은 생각은 다시 하지 않기로 하고, 지금 이놈과 동행하기로 했습니다.

어느 자전거 모임에서 한분을 만났습니다. 정년이 되어 자기 집 주인의 직장에서 경비원으로 취직하여 살고 있는 사람이라면서 자기 장비를 자랑하는 사람이 있었습니다. 저는 분수에 맞지 않게 뒤늦게 허파에 바람 든 사람이라고 봤는데, 나중에 하시는 말씀을 들어보니 이제까지 열심히 앞만 보고 살아왔는데 정년이 되어 인생 후반기가 되니 취미 생활 할 것이 없어 허망했는데, 요즘 이놈에게 위안을 받는다는 것이었습니다. 자신은 그런 대접 받고 살아본 적이 없지만 자기를 대행하는 자전거는 최고로 아름답게 치장하고 싶다고 했습니다. 돈 쓸 곳이란 이것밖에 없다고 하면서 반 년치의 연봉으로 아깝지 않게 투자하여 장만했다고 합니다. 그분이 자전거를 대하는 것으로 봐서 이제까지 현역으로 살아온 삶도 아름답게 살아왔으리라 보입니다. 지금 와서 자전거에만 치장하는 것이 아니고 자신의 후반기 삶도 최고로 아름답게 치장하고 살아가는 것 같다고 응원을 전했습니다.

가치의 기준은 생각에 따라 다를 것입니다. 자기의 장비를 베스트로 꾸며 편승해서 자신의 신분을 상승시킨다는 생각으로 투자하는 사람도 있습니다. 그러나 그런 것조차도 하지 못하고 옹졸하게 살아가는 구태

팔순바이크

의연한 제 모습을 보면 시대가 변하면 그에 맞춰 가치관도 변해야 하는 것이 맞는가 하는 생각도 듭니다.

 장비 관계로 같은 양의 운동을 했을 때 항상 더 힘들어하는 저를 보는 동료들의 권고를 듣고 안쓰럽게 바라보는 동료들의 눈길을 받을 때, 남들보다 후진 장비 때문에 같은 시간 같은 코스를 운동해도 더 많이 운동한다고 자위하면서 궁색하게 변명하며 주위의 시선을 수용하지 못하는 점을 어떻게 해석해야 될지 모르겠습니다.

 지금까지 살아온 삶의 지표는 다소 모자란 수준에서 채워가는 것으로 만족감을 느낄 수 있는 여지의 미(美)였습니다. 이런 가이드 라인을 설정하고 출발하는 삶으로 살아왔습니다. 채워가는 삶으로 여유를 가진다면 그것이 참 아름다움이라고 평소에 그렇게만 알고 살아왔는데, 이것이 요즘 세대의 가치 기준에서 봤을 때 궁색하게만 보일까 하는 생각이 듭니다. 그래서 제가 먼저 말하고 싶습니다. 삶이란 가득 채워서 만족을 향유하는 것이 아니라 점점 채워가면서 이루어나가는 과정이라는 것을 이야기해주고 싶습니다.

의자가 필요한 이유

몇 년 전에 자캠 여행에서 낯 붉힐 일이 있었습니다. 저녁 시간, 모닥불을 피워놓고 이야기를 나누는 한가한 자리였습니다. 그 자리에 참석하기 위해서는 휴대용 의자가 있어야 했습니다. 종전에도 이런 자리가 있을 때마다 나뭇가지나 돌멩이를 주워 와 그 위에 앉아 불편함이 없이 자리에 임했습니다.

그때 한 동료가 자기가 가지고 온 의자를 권했습니다. 극구 사양을 하였더니 제가 좌정을 하지 않고 있으니 자기가 불편해서 의자에 앉아 있을 수 없다고 했습니다. 그제서야 앗차 했습니다. 제가 불편한 자리에 있을 때 그들이 편안하게 앉지 못한다는 말에 전체의 분위기를 읽지 못하고 제 편리함과 이기심으로만 행동했던 제가 부끄러워졌습니다. 사용할지 안 할지도 모르는 의자를 휴대한다는 부담이 있으니 써야 할 때는 지형지물을 활용해도 된다고, 평소에 그렇게만 지내온 것이 참으로 부끄러웠습니다.

의자는 2개를 구입하여 청풍에게 함께 쓰자고 나눠주고 요즘도 저는 휴대하고 다니지는 않습니다. 그 무게로 인하여 단체 생활에 피해를 끼칠 수 있는 원인이 될 수 있다고 생각해서입니다.

말린 호수(Maligne Lake)와 나란히 달리며

　캐나다에서 호수를 눈이 시리도록 많이 봤습니다. 호수마다 각기 다른 개성과 특색이 있어 지루하지 않게 봐왔지만 그중에 기억에 남을 것이라면 우리들이 가장 먼저 보았던 루이스 호수와 시래기 된장국을 끓여 먹었던 에메랄드 호수라 하겠습니다. 그리고 호수의 물 색깔로 꼽는다면 가장 먼저 떠오르는 것은 명성 그대로의 페이토 호수(Peyto Lake)입니다.

　그러나 말린 호수(Maligne Lake)라고 해서 뒤지지 않습니다. '악한', '나쁜'이란 의미를 가진 '말린(Maligne)'이란 호수 이름이 어떤 연유에서 지어졌는지 내력을 모르지만 호수 모양에 비해 상스러운 이름입니다. 말린 호수는 캐나다 로키 산맥에서 가장 아름다운 호수 가운데 하나로 투명한 물과 그 장대한 규모로 보는 이를 압도하기 때문입니다. 캐나다에서 가장 아름다운 호수 베스트3 안에 드는 곳입니다.

1875년 철도 부설 과정에서 발견된 말린 호수는 캐나다 앨버타주 재스퍼 국립공원에 있는 호수라고 하는데, 직접 가보니 재스퍼까지는 아직 50km 남아 있는 지점에 위치하고 있었습니다. 현 위치가 해발 1,680m 지점이라고 하니 내일 라이딩 코스는 자전거 타기에 다소 도움이 되는 내리막길이 되리라 봅니다.

평균 고도는 1,884m, 로키 산맥 아니랄까 봐 호수 양 옆에는 장승처럼 산이 둘러쳐 있습니다. 병풍처럼 쳐져 있는 산봉우리는 잔설이 덮여 있어 산이 머금은 빙하가 녹아내려 이곳 호수를 이루고 있었습니다.

말린 호수의 특별한 점은 '섬 안의 섬'이라고 하는 스피릿 아일랜드가 있다는 것입니다. 나무 몇 그루 있는 작은 섬입니다. 관광선이나 보트가 잠시 귀착하는 지점으로 인기가 높다고 합니다. 보기에도 사진 촬영의 뷰 포인트가 된다고 하며, 사진 앵글에 딱 맞는 거리와 방향에 있어 사진작가들이 탐낼 만도 해 보입니다. 우리나라의 두물머리와 청송의 주산지 같은 곳인가 봅니다. 사진의 채광이 가장 좋을 때는 저녁노을 때가 아니고 일출 때가 가장 좋다는 말을 들었습니다.

말린 호수와 삼손 피크(Maligne Lake and Samson Peak)

또한 이곳은 낚시를 하기에 더없이 좋은 조건을 가진 곳이기도 합니다. 한여름에도 수온이 10℃를 넘지 않아 수영은 안 되지만 그 대신 냉수종인 어류가 많아 낚시가 활발히 이루어진다고 합니다. 바다낚시 이외도 6월에서 9월에 집중적으로 카누와 급류 타기, 스키, 스피릿 아일랜드를 위한 보트 투어 등이 성행하고 있다고 합니다. 보트 놀이나 다른 어떤 체험을 안 해도 끝이 없이 펼쳐지는 아름다운 광경을 지니고 있는 이 호수를 보고 있노라면 그 자리에 서 있다는 것만이라도 그저 고마울 따름입니다.

또 하나의 특별한 점이 있다면 세계에서 두 번째로 큰 빙하 호수라는 점입니다. 첫 번째는 안데스 산맥이 있는 아르헨티노 호수이며 두 번째로 규모가 큰 곳이 바로 이곳 말린 호수(Maligne Lake)입니다. 호수의 길이는 22.5km, 폭 1.5km의 매우 길쭉한 모습의 호수인데 평균 수심이 깊지 않은 35m를 기록한다고 합니다.

이곳을 지나는 자전거 여행객들을 이제까지 3명으로 구성한 한 팀만 보았습니다. 대다수가 자동차 관광객이고 그중에 전문적인 트레킹 팀은 외국인들로 대부분 야영을 할 수 있을 정도로 짐이 많은 배낭을 메고 다닙니다.

말린 호수는 실제로는 잔잔하고 고요하기 그지없습니다. 그 배경에 있는 설산(雪山) 봉우리들과 잘 어울려 한 폭의 수채화(水彩畵)를 보는 느낌입니다. 출발 지점에 커피점이 있어 많은 사람들이 트레킹 준비를 이곳에서 합니다. 이 호수에는 한때 송어가 서식했다지만 물이 너무 차가워 지금은 물고기가 살지 않는다고 합니다.

4

쓰리 밸리 레이크 샤토

Three Valley Lake Chateau

이곳을 찾는 이유는 대서양과 태평양을 잇는 철도 공사의 마지막 침목(枕木)을 박은 장소를 보기 위함이었습니다. 아직도 이 철도를 건설할 때의 건설기계가 소장되어 있었고 그 당시 마지막으로 박았던 해머가 있었습니다.

1885년 11월 7일 아침, 캐나다 태평양 철도 대서양과 태평양을 잇는 캐나다의 동과 서를 관통하는 선로의 마지막 기념식이 있었고 그때 철로 건설에 사용된 약 3,000만 개의 철제 스파이크 중 하나인 라스트 스파이크(Last Spike)는 철도의 완성 그 이상을 상징하게 되었습니다. 동시대 사람들과 역사가들은 라스트 스파이크의 그 순간을 국가 통합이 실현된 순간으로 보았습니다.

1885년 11월까지 서쪽과 동쪽에서 캐나다 태평양 철도(CPR)를 위한 선로를 깔고 있던 작업 요원들과 관계자들은 5년의 건설 후에 일종의 의식적인 라인 완성이 이루어져야 한다고 결정했습니다. 그러나 회사는 적당한 축하를 할 여유가 있었고 그것을 원했을 뿐이었습니다. 그

순간에는 기자도, 정치인도 없었습니다. 회사 사장 조지 스테판(George Stephen)은 영국에 있었습니다. 대신 단장만 이곳을 방문했습니다.

정확히 오전 9시 22분에 철제 스파이크(철로 레일을 나무 철도 타이에 고정하는 데 사용)가 배치되었고 스미스는 망치를 들어 첫 번째 타격을 가했습니다. 그의 목표는 빗나가고 스파이크는 구부러졌습니다. 두 번째 시도에서 성공했습니다. 참석했던 군중은 환호성을 질렀고 기관차는 호루라기를 울렸습니다.

축하 메세지를 한마디 해달라는 요청을 받았을 때 CPR의 총지배인 밴 호른(Van Horne)은 "내가 말할 수 있는 것은 작업이 모든 면에서 잘 이루어졌다는 것뿐입니다."라고 말했습니다. 그날 오후 그는 총리에게 전신을 보내 이렇게 말했습니다.

"오늘(토요일) 아침 9시 22분에 마지막 난간이 깔렸습니다."

밴 호른과 다른 고위 인사를 태운 공식 열차는 당시 지정된 서쪽 종착역이었던 버라드 만(Burrard Inlet)의 포트 무디(Port Moody)로 내려가는 길에 새로 건설된 선로를 가로질러 해안에서 해안으로 횡단한 최초의 열차였습니다. 그 사진이 기차역 대합실 앞에 걸려 있고 해머와 스파이크도 준비되어 있었습니다.

자전거 타고 가는 길에 건널목에서 지나가는 열차를 만난 적이 있었습니다. 열차가 화물칸을 몇 량을 달고 가는지는 헤아릴 수 없었습니다. 열차의 길이가 끝을 볼 수 없도록 길었습니다. 기관차만 앞과 뒤 기관실과 중간에 하나 더 운행되고 있었습니다.

쓰리 밸리 캠핑장(Three Velly Lake Camping)

어제 캐나다의 동서를 잇는 철도 레일 공사 현장을 다녀오니, 우리도 좀 쉬어야겠다고 자전거가 단체로 데모를 하는가 봅니다. 갑자기 한 대도 아니고 두 대씩이나 드러 누웠으니 아무리 바빠도 사정을 봐주어야 했습니다. 그래도 양심이 있었는지 주행 중이 아니라 다행이었습니다. 아침에 자고 일어났더니 둘 다 앞바퀴 쪽이 배가 푹 꺼져 있었습니다. 그중에도 다행인 것은 기계치들의 자전거는 무사하고 선바위 님과 무등산 님 자전거에만 문제가 생겼다는 것입니다.

그래도 30일이 되어가는데 5명 중 펑크 2개 정도면 성적이 양호한 편입니다. 아주 기본적으로 평소에 닦고, 조이고, 기름칠 하는 것만 지켜주면 자전거 피해는 막을 수 있습니다. 그래도 자전거 여행 중에 발생할 수 있는 기계적인 문제는 남의 도움을 받지 않고서도 마무리할 수 있을 만큼 어렵지 않습니다. 지극히 간단한 조치로 문제를 해결할 수 있으니 일정에 차질은 없습니다.

구동계에 문제 해결은 약간의 부품과 장비 키트만 소지하고 다니면 해결할 수 있습니다. 그러므로 반드시 여행 떠나기 전에 부품 준비와 철저한 정비는 필수입니다. 예비 부품과 수리에 필요한 공구는 선별하여 대원들이 분담하여 여행이 끝날 때까지 소지합니다.

5

휘슬러
Whistler

　자전거를 타고 다니는 여행이 대부분 그렇지만, 특히나 캐나다는 전 국토가 공원이나 다름 없어서 공원과 공원을 이어서 가는 여행길이기 때문에 행정 구역이나 지명을 중요히 생각하지 않고 다니는 저 같은 무숙지자가 이를 구분하여 기억하기에는 한계가 있습니다. 게다가 저는 알뜰히 챙겨 가면서 다닐 여유도 없고 그런 취향도 아니었습니다.

　이제까지 캐나다에서 다녔던 여행을 크게 분류한다면 설산과 호수뿐이었다고 해도 과언은 아니었습니다. 그래서 여기가 거기 같고 어제가 오늘 같아서 모처럼 다른 어떤 일면을 보겠다고 마음을 먹었습니다. 그렇게 캐나다의 개척사를 보겠다는 생각으로 라스트 스파이크(Last Spike) 현장을 보고 오늘은 트라이던트 산맥(2,470m)에 위치하고 있는 유명한 강의 깊은 협곡에 있다는 번지점프(bungee jump)장을 찾아가기로 했습니다.

  우리 팀의 자랑, 기획의 귀재가 적당한 시기일 때 적당한 곳으로 계획을 세웠으니 운이 좋다면 번지점프장에서 한번 용기를 내어볼 만하겠다고 생각했습니다. 한국에서는 무슨 놈의 규제가 그렇게 많은지 몇 번 시도해보았으나 문전박대 당한 경험이 있습니다. 그래도 이곳에서는 다르게 대접받을 수 있겠지 하는 희망사항은 가졌지만, 또 한 군데 더 검열을 받아야 될 것 같습니다. 점프장 가는 길에 비단 같은 임도가 있다기에 그것만으로도 만족할 수 있어 기대해봤습니다.

청풍은 믿는 구석이 있었습니다. 자기는 나무하고 친하다며 오늘은 홈그라운드라고 생각해서 선두에 섰습니다. 발전이 너무 빠른 것이 좋은 것인지 우려해야 되는 것인지 자전거 바퀴 굴러가는 대로 맡겨놓으려고 합니다.

임도라 하기에 기대를 가지고 왔습니다. 한국의 임도와는 판이하게 달랐습니다. 지나는 길에 풀 한 포기도 인간의 발자취도 없는 자연으로 생긴 산책로와 같았습니다. 양쪽이 나무로 된 빌딩 숲속을 지나는 것 같았습니다. 먹이 사슬이 없으니 새소리도 들을 수 없고 바람 소리도 없는 적막한 나무 터널 길이었습니다. 떨어진 나뭇잎과 나무 뿌리에서 기생하는 이끼 때문에 잘 깔아놓은 카페트 위를 달리는 듯합니다.

이러한 자연환경을 보면 자연 발화가 걱정됩니다. 인류가 만든 재난이라 할까요? 지구의 온난화가 진행되며 뜨거워진 여름 햇볕에 밀집된 나무들 사이에 마찰이 일어나 발화점이 낮은 나뭇잎이 불쏘시개를 하면 불어오는 산들바람에 불이 날 수 있습니다. 캐나다 쪽이나 미국 쪽에 크고 작은 산불이 몇 번 있어왔던 것은 익히 알고 있습니다. 2017년도 미 서부에 재해를 입힌 현장이 이런 환경이 아니었을까요? 산과 산이 이어져 있고 발화된 지점이 공원이나 산속이라면 소방관이 접근할수 없습니다. 인간이 할 수 있는 일이란 제한적일 수밖에 없고, 사람이

팔순바이크

살고 있는 마을로 번지지 않게 저지하는 것뿐이라고 생각해보면 인간은 자연 앞에 한없이 작은 존재임을 깨닫게 됩니다. 지구촌의 전 인류가 경각심을 가져야 할 것입니다.

저는 애써 싸고 온 점심만 축내었습니다. 나무 밑으로 흐르는 강으로 점프하는 모습에 긴장된 마음으로 먹는 음식은 별 탈 없기를 바랍니다.

오늘도 숲속 야영장입니다. 신선놀음에 도끼자루 썩는 줄 모른다는 말 그대로인 것 같습니다. 집 떠난 지가 벌써 한 달이 넘어가는 이제부터는 열 손가락 접어가며 설날 기다리는 것 같이 날짜 헤아리는 밤이 늘어갑니다. 이렇게 나무가 첩첩이 쌓인 곳인데 달님도 길을 잘 찾아오실까 모르겠습니다. 오늘이 그믐이 지나서 열흘 가까이 되니 별님과 동행해서 오시리라 믿고 저녁 준비에 들어갔습니다.

오늘 청풍의 자전거 타는 모습이 흡족하였는가 봅니다. 여행의 칼잡이로서 요리를 담당하고 있던 무등산 님의 날카로운 커트라인에 통과되어 청풍이 칼잡이가 되었습니다. 팀의 정회원이 된 것으로 간주하겠다고 합니다. 축하를 해주었습니다. 옆에 선바위 님이 걱정스런 눈으로 보지만 청풍은 기초 실력이 어느 정도 되고 나무하고도 오랫동안 함께한 시간이 있어 무난하리라 봅니다. 그렇다고 앞으로 조자룡이 헌 칼 쓰듯 하면 어떤 벌칙이 있을 것입니다. 그러기 전에 먼저 선바위 님의 철저한 교육이 있어야 할 것 같습니다.

특수한 지역이라 통신도 제대로 안 되어 '무소식이 희소식'이라는 소식밖에 전하지 못하고 있는 형편입니다. 우리들이야 이런 무숙자 생활에 달인이 되었다지만 처음인 청풍이 어떻게 저렇게 무심할 수 있을까 하는 것이 오히려 걱정스럽기까지 합니다. 처음부터 조금은 끼가 있다고 봐서 장래가 유망하다며 입문시켰던 것이 잘한 일인지 염려스러울 정도가 되었습니다. 요 며칠 전까지는 조금씩 적응해간다고 우리를 안심시켰는데 이제부터는 우리를 되려 안심시켜야 하기 생겼습니다.

오늘 무등산 님이 칼잡이로 승격시켜준 것이 잘못된 것 같습니다. 칼잡이 수준이 되었다고 그 여세를 몰아 어떤 행보로 움직일지 걱정도 되고 기대도 됩니다. 여하튼 어떠한 결과가 생기더라도 그 책임은 무등산 님이 연대해야 하니까 오늘 저녁 밥맛부터 보면 알게 되리라 봅니다.

전 일행들이 자전거 여행이라는 큰 목적에는 서로 잘 융화가 되었지만 각 개인의 특성을 보면 저마다의 독특한 개성을 가지고 있었습니다. 청풍과 같이 앞뒤도 보지않고 50년의 세월을 나무와 같이 살아온 사람이 있는가 하면 저처럼 번지점프장에서 도전하려는 사람도 있습니다.

우리 세대는 젊은 시절에 번지점프장 같은 기구가 없어 경험해보지 못했습니다. 주변에서는 그런 모험적인 것을 즐기지 않을 것 같았던 사람이 번지점프에 도전하려고 하니 놀라운 눈치였습니다. 청풍은 더 나아가 삶을 살아가는 방식에 대해서 이야기를 합니다. 생활 수준에 맞춰 즐기는 삶을 지향하며 이해관계를 떠나 청정 지역으로 삶의 보금자리를 옮기고, 교통수단을 레저로 탈바꿈시켜 자전거를 타니, 평범 가운데서 평범을 찾는 높은 식견이 생활의 지혜 이전에 행복을 추구하는 용기라고 말해주었습니다.

이렇게 특별한 개성을 가진 사람들이 서로 융합되기는 가장 어렵다고 서로 섞일 수 없다고 사람들은 지레짐작하지만 가장 힘들다는 자전거 여행이라는 목적을 함께 가지면 그 벽이 쉽게 허물어집니다. 오히려 어느 집단보다 더 철저히 융합되어 어려운 난관을 헤쳐나갈 수 있습니다. 한두 번도 아니고 여러 번에 걸쳐 이렇게 장기간 기획해 다니는 여행은 '특별한 개성을 가진 사람들'이 아니면 할 수 없는 미친 여행입니다.

'미친 짓'이란 보편적인 것에 비해 조금 특별하고 일반적인 상식선에서 좀 지나칠 정도란 좋은 뜻으로 해석합니다. 그 말이 쓰이기 한참 전에 우리들 대상으로 불리는 이름이 있었습니다. 바로 '못 말리는 사람들'입니다. 처음에는 그 말뜻을 부끄럽게 받아들인 적이 있었지만 오랜 기간 동안 그렇게 불리니까 나중에는 면역이 되었습니다. 일반적인 이름으로 이해하게 되었습니다. 어쨌든 이런 못 말리는 군상들이 남의 모범이 되지 못하더라도 부정적으로 보이는 사람은 되지 말자고 마음먹었습니다.

많은 세월 동안 '못 말리는 사람'으로 살아왔던 것이 어쩌면 요즈음 '미친'의 뜻과 일맥상통하는 것 같이 느껴집니다. 미치지 않으면 살아갈 수 없는 미쳐가는 세상이라는 현실을 실감합니다. 미치려면 제대로 미쳐야 할 텐데, 분별은 하지 못할 정도가 아니어서 '못 말리는 사람' 정도로만 살아가려 합니다. 좋은 의미로 인식되기를 노력하는 삶을 살아갈 것입니다.

돈키호테와 같이 의식이 있는 사람으로 살기 위해서는 무엇이 필요할까 늘 고민합니다. 그렇게 자아를 반성하고 살아가는 가운데 몇 년 전에 한 달간의 북유럽 여행에 합류할 기회가 있었습니다. 앞에서 밝혔듯이 이번 미주 여행의 동선이 고구마 같이 생겼다고 해서 '고구마 길'이라고 이름 붙였는데, 그때는 북유럽 7개국(5,600km) 자전거 여행의 동선이 대한민국 지도처럼 생겼다고 해서 '발트해에 대한민국 지도를 그리다'라는 콘셉트로 여행했습니다.

하지만 팀의 출발 일주일 전에 어깨 관절 사고로 여행에 합류할 수 없게 되었습니다. 다른 신체 부위는 지극히 정상적이라 오른쪽 팔 한쪽만 못 쓴다는 것뿐으로 안타깝게 생각하던 중 아직까지 출발 시간이 7일이나 남아 있고 여행 중에 서서히 제 컨디션을 찾아가게 된다고 보면 좌절할 일이 아니라고 긍정적인 생각을 하게 되었습니다.

그동안(여행 기간) 자전거 안 탄다는 조건으로 가족들에게 설득하여 허락을 받아 가족들이 공항까지 감시인지 호위인지 자전거를 휴대치 못하고 자전거로 여행하는 팀에 합류하게 되었습니다.

자전거 여행 첫날, 에스토니아 민박집 마당에 어린이용 미니 자전거를 발견했습니다. 상태가 별로 좋지 않았지만 주인의 양해를 구하고 우리 팀의 만병통치의, 선바위 님의 손길로 다듬어 에스토니아(노래하는 기적의 지점까지) 왕복 30km 시험 운전에 합격했습니다. 그렇게 출발하여 에스토니아 '기적의 문'이라는 성당 앞에서 내 평생 기념비적인 사진 한 장을 얻었습니다.

어린이와 눈높이를 맞추기 위한 자세가 불안정하게 보이지만 사진의

예술성이 아니라 사진 속에 담겨 있는 이야기를 들어주기를 바랍니다.

주 포인트는 어린아이가 오른쪽 엄지손가락을 치켜든 것에 있습니다.

자기와 같은 류의 자전거를 탄 할아버지가 최고라는 손짓은 나를 그들 세계로 불러들였습니다. 이 사진 한 장이 45일간의 여행의 뒷맛을 따뜻하게 했습니다. 이 또한 '못 말리는 사람들'의 근성이 아니었으면 경험할 수 없었던 사건입니다.

저는 자전거로 여행하는 못 말리는 집단을 하나의 독립된 인간군상이라 생각하여 그 위상을 정리해보기로 마음먹어봅니다. 지금까지 그렇게 살아왔고 얼마 남지 않은 남은 제 생애도 못 말린다는 형용적인 대접을 받고 있는 위상에서 진실되고 미래 지향적인 사람들의 모임의 형태로 상징되는 '못 말리는 사람들'이라는 수식어로 인정받는 인간군상으로 남고 싶어집니다.

자전거 타는 운동은 심폐 기능과 인체의 근육의 이완 작용에서 오는 파워를 키워가는 행위입니다. 우리가 하는 자전거 타기는 그 속에 삶이란 것을 하나 더 결부하여 절대적인 생활이 녹아 있습니다. 그래서 운동 이전에 실질적인 생활의 연속선상에 두고 보면, 자전거 타기가 힘들면 생활도 힘들고 생활 자체가 즐거우면 자전차 타기도 즐거워지고 인생 자체가 즐거워집니다. 그렇게 '행복'된 어떤 종말을 향하여 달려가듯이 늘 자전거와 함께 달려간다고 생각하면 그 자체가 즐거움이 가득할 것입니다.

스탠리 공원(Stanley Park)

3장

마주하는 두 얼굴로

1

밴쿠버

Vancouver

밴쿠버는 캐나다 브리티시 콜롬비아에서 가장 큰 도시로 알래스카의 빙하와 캐나다 서부의 황야 휘슬러의 슬로프로 접해드는 곳입니다. 밴쿠버는 어디를 가든 신선한 숲 향기와 바다와 접한 소금기가 섞인 바람이 실려 옵니다.

150년 전 유럽인이 정착하고부터 밴쿠버 사람들은 강과 해안과 숲을 보호하면서 자연과 인간과의 완벽한 균형을 유지하고 발전시켜왔습니다. 밴쿠버는 도시의 기본적인 기능, 접근성, 기온, 일광 등을 가장 인간친화적이고 엄격한 기준으로 평가하는 기관에서 매년 사람이 살아가기에 제일 좋은 곳으로 손꼽는 도시로 선정된 곳입니다.

그러나 우리가 여기에 온 목적은 그런 도시의 기능을 향유하기 위해서가 아니기 때문에 자전거를 타고 다니면서 볼 수 있는 곳들을 탐방하는 데에 집중하여 몇 곳을 선정하여 보기로 하였습니다.

첫째로 스탠리 공원입니다. 1886년부터 개발을 시작한 스탠리 공원은 여의도보다 넓은 면적을 가지고 있습니다. 여행객뿐 아니라 밴쿠버에 거주하는 시민도 이동하기에 편리한 교통수단과 편의시설이 잘 갖추어져 있는 곳입니다. 자전거로 밴쿠버 전 시가지를 조망하고 한 바퀴를 돌아봐도 2시간이면 넉넉하다고 하였습니다.

둘째로 2010년 동계 올림픽을 개최한 밴쿠버 컨벤션 센터(Vancouver Convention Center)입니다. 이곳에 있는 올림픽 봉화대는 부둣가에 있어 자전거로 접근하기 쉽다고 했습니다.

셋째로 캐나다 플레이스(Canada Place)입니다. 알래스카로 가는 크루즈 선박의 출항지이며 시내에서 가장 큰 물류단지와 쇼핑몰이 있는 곳입니다. 호주의 심볼마크로 만든 음악당이 있습니다.

넷째로 세계적인 명문 대학 브리티시컬럼비아대학교(UBC)입니다. 교정을 둘러보다 보니 원주민들의 토속 신앙을 보여주는 토템폴(Totem pole) 전시장이 잘 가꾸어져 있었습니다.

다섯째로 서쪽 밴쿠버와 북쪽 밴쿠버를 이어주는 라이온 브릿지를 가는 길에 다운타운에 있는 증기 시계를 구경하기로 했습니다. 아직까지 시간을 알려준다고 합니다. 그밖에 5km 떨어져 있는 퀸엘리자베스 공원도 유명해서 들러볼 수 있었으면 좋았겠지만 희망 사항으로 남았습니다.

밴쿠버라는 이름은 1792년 상륙한 영국 항해사 조지 밴쿠버의 이름에서 땄습니다. 그러나 원래 정착지는 개스타운이라고 불렀다고 합니다. 1867년에 선원이자 유명한 이야기꾼이었던 개시 잭은 지역 벌목꾼들에게 술집을 지어달라고 부탁했습니다. 대신 앉은 자리에서 양껏 위스키를 마시라는 조건을 걸면서 말입니다. 통나무로 지은 술집은 금세 지어졌고 그곳은 노동자들의 쉼터가 되었습니다.

그렇게 술집을 중심으로 마을이 태어났습니다. 개시 잭과 그의 엉성한 집은 오래전에 사라졌지만 역사적인 게스트 타운 지역과 그의 정신은 여전히 남아 있습니다.

　증기 시계는 증기를 내뿜으며 뱃고동 소리로 우리가 방문하였던 오후 2시를 알려주었습니다. 아직까지 정정한 시계의 정확성을 확인할 수 있었습니다. 시계의 알림 소리를 듣기 위해서 이곳에 사람들이 모여 있었는데, 이 시계가 명물임을 입증하고 있었습니다. 건너편 쪽은 밴쿠버의 초기 역사인 워터프론트 역으로 이어져 있었습니다.

워터프론트 역은 캐나다 태평양 철도의 서쪽 종점입니다. 이 철도를 건설하기 위해 중국의 노동자 수천 명이 건너왔고 그 이후로 이들의 후손이 밴쿠버를 풍요롭게 가꾸었다고 합니다.

중국인들의 거주지에 있는 중산공원은 중국 밖에서 세워진 최초의 중국식 정원이라고 합니다. 전통적인 동양미가 있었습니다. 심어진 식수의 종류부터 송과 죽을 근본으로 만들어졌으며 적당한 곳에는 중국 특유의 도자기가 안배되어 있었습니다.

우리처럼 외국에서 온 사람이라 해도 텃세를 부리지 않고 누구든 환영하는 밴쿠버의 마을들은 환상적인 요리의 향과 커피 볶는 냄새, 양조장의 호프 냄새가 코를 자극하였습니다. 세계에서 가장 살기 좋은 도시로 꾸준히 뽑히는 도시답게 즐길 거리가 가득합니다. 밴쿠버의 성공 비결은 무엇보다도 도시를 개발할 때부터 살기 좋은 환경을 고려한 세심함일 것입니다.

100여 년 된 방파제를 따라 자전거를 자유롭게 타고 스탠리 공원을 한 바퀴 돌아가는 길로 시내를 조망하는 라이딩을 즐길 수 있습니다. 방파제는 파도를 막아줄 뿐만 아니라 자전거 타기에 적절한 환경을 제공해줍니다. 바닷가 쉼터라면 모양을 갖춘 인공적인 쉼터로 꾸며지는 경우가 대부분인데 이곳 백사장에는 통나무를 여기저기 놓아 편안하게 쉬어갈 장소를 만들어두었고 내항이라 파도가 없어 쉽게 접근할 수 있습니다. 이 방파제가 이 항구와 강의 도시 발전에 중요한 역할을 했다는 것을 볼 수 있었습니다.

이 나라의 중요한 생산 기지가 서부에 있고 물류항이 밴쿠버의 중심에 있다 보니 언제나 바다가 중요한 역할을 했습니다. 브록턴 포인트에서 배가 오가는 모습을 보면서 스탠리 공원의 동쪽 끝을 표시해주는 등대까지가 이 스탠리 공원을 완주하는 키 포인트인 것 같습니다. 공원의 북쪽 끝인 프로스텍트 포인트의 전망대에서도 항해하는 배를 볼 수 있습니다.

캐나다 원주민들은 배를 타고 다니는 어부로 태어난 뱃사람들이었습니다. 17,000년 전에 이 안개 낀 해안까지 노를 저어 다녔다고 합니다. 조상들이 어부인 이곳에 있는 브리티시컬럼비아대학교에 있는 인류학박물관에도 그때의 주민 생활의 전통적인 문화를 계승하고 전통을 보존하는 민속학이 이어져왔습니다. 원주민이었던 하이다족과 북서부 해안 원주민들의 다채로운 신화를 보여주는 토템폴(Totem pole)과 조각상이 전시되어 있습니다. 옛날 우리나라 마을마다 있던 천하대장군 장승 같은 군상들의 조각품입니다. 이 나라에도 그 옛날의 전통을 기린다는 뜻에서 대학교 교재로도 활용하고 전통문화 계승에도 이바지한다는 뜻에서 스탠리 공원에도 전시되어 있었습니다.

밴쿠버 시 전경

팔순바이크

2

스탠리 공원

Stanley Park

우리 팀의 여행의 시작은 시애틀이었지만 40일간 숱한 계곡과 호수와 폭포를 보아왔습니다. 보아왔던 그 호수와 산들은 제 나름대로 세계에서 제일이라 하여도 부끄럽지 않을 자태를 뽐내고 있었습니다.

그중에 시작점과 종착점을 정한다면 강도 아니고 호수도 아니었습니다. 이 여행의 시작점을 어디로 하고 마치는 종점을 어디에 두면 좋을까? 생각 중에 처음부터 제 마음속에 가지고 있었던 것은 샌프란시스코의 금문교(Gold Gate)와 밴쿠버의 라이온 브릿지(Lion Bridge)였습니다. 게이트에서 건너왔으니 브릿지로 건너간다는 상징이었습니다.

게이트(Gate)와 브릿지(Bridge)에 대해 나름대로 해석을 해서, 들어온 문은 게이트로, 돌아가는 다리는 브릿지라고 의미를 부여했습니다. 샌 프란시스코의 금문교를 건너왔으니 이 다리를 자전거 타고 건너갈 수 있다면 여행의 종지부를 찍는 것입니다. 그렇게 라이온 브릿지가 종점 의 의미를 가진다면 그 또한 멋스러운 여행이 아닐까 생각해봤습니다.

라이온 브릿지는 북쪽 밴쿠버와 서쪽 밴쿠버를 연결해주는 다리로 1938년 11월 4일에 개통되었다고 합니다. 이 라이온 브릿지가 생기기 전에 원래 교통수단은 페리(Ferry)였다고 합니다. 우리나라와 달리 서 양에서는 이런 다리를 국가가 아닌 일반 회사에서 놓는 경우가 있는데, 라이온 브릿지 역시 기네스 맥주로 유명한 기네스 가에서 건설을 주도

하였다고 합니다. 당시 기네스 가는 북쪽 지방의 땅의 개발에 관심을 가지면서 현재의 서 밴쿠버 지역의 많은 땅을 매입하고 개발했다고 합니다. 사람들을 북 밴쿠버 쪽으로 이주시키려고 했으나 다리가 없어 교통이 불편해서 뜻대로 되지 않자 라이온 브릿지를 세운 것이라 합니다.

1년 여의 시간과 많은 건설 비용을 투자하여 라이온 브릿지는 현재의 모습으로 만들어졌습니다. 다리 개통 이후 기네스 가는 차량당 25센트의 통행료를 받는 것이 기업 이미지에 좋지 않은 영향을 준다고 생각하여 이후 캐나다 주 정부에 권리를 양도했습니다. 주 정부는 1963년 이 다리의 통행료를 없애 현재는 통행료 없이 무료로 이 다리를 이용할 수 있습니다.

처음에는 4차선이었으나 요즘은 차량의 극심한 교통 체증으로 3차선으로 변경하고 교통 효율을 위하여 가변차선으로 이용하게 되었다고 합니다. 자전거 통행은 엄두도 못 낼 일이라 보여 이해가 되었습니다. 종래에는 4차선인데 가변차선으로 만든 이유를 모르겠습니다.

기네스 가에서 이 라이온 브릿지를 설계할 때 미국 샌프란시스코의 상징이고 다리의 모양이 세계적인 금문교를 본떠서 건설하여 다리의 형태도 똑같이 현수교입니다. 그 모양도 금문교와 상당히 흡사하여 북

미 2개의 다리에 꼽힌 것 중에 하나라 합니다. 그러나 길이는 금문교에 많이 못 미치는 1,517m입니다.

　밤에는 휘황찬란한 전등 불빛이 바다와 시내를 이어 아름답게 수놓아 밴쿠버를 방문하는 사람들을 야경으로 환영합니다. 이렇게 밴쿠버의 좋은 이미지를 남기는 것에 들어가는 전기료는 기네스 가에서 부담하는 것이라 합니다. 하지만 장사꾼들이 밑지는 장사는 하지 않겠지요. 광고의 효과는 대단하리라 봅니다.

　오늘 서 밴쿠버로 가는 다리를 건너보려고 다리 입구에 섰습니다. 이곳에서는 자전거 통행이 허용되지 않을 것이라 짐작하고 왔습니다. 다리를 건너기 전에 쉼터 역할을 할 수 있는 조그만 광장에서 볼거리를 제공한다고 하여 들렀습니다. 5년 전에 왔을 때는 다리 위에는 바이올린 연주자가, 건너편에는 아코디언 연주자가 있었던 것으로 기억하고 있었습니다. 그때는 서로 번갈아가면서 연주하던 것이 구경거리였는데 오늘은 두쪽 다 보이지 않고 사자상만 있었습니다. 이곳의 사자 상에는 눈이 그려져 있나 확인해봤습니다. 체코의 도나후 강에 세체니 다리에 있는 사자상에는 눈이 없었는데 이곳은 완벽했습니다.

늙은이가 호박죽에 힘낸다고 청풍은 여행이 곧 끝나는 이제부터 힘
이 생기나 봅니다. 대열에 앞장선 선두 자리가 이 대열의 안전과 진행
을 책임지는 자리라는 것은 알고나 있는지 모르겠습니다. 공원에 도로
는 2차선으로 되어 있으나 차량 진입은 허용되지 않고 산책하는 사람과
자전거만 통행할 수 있고, 원웨이로 갈림길도 없어 누구나 앞장 세워도
문제가 없을 것 같습니다. 산책로에는 무분별하게 전단지도 붙어 있지
않았고 노점상도 없어 높은 시민의식을 볼 수 있었습니다.

원주민들의 민속 공예 전시장 토템폴(Totem pole)이 딱 한 군데, 바닷
가에 있었습니다. 넓고 여유 있는 자리에 전시되어 지나는 행인에게 볼
거리를 제공하고 바다를 바라보는 등대와 비슷하게 생긴 전망대에 많
은 사람이 시내를 조망하고 있어 자전거 타고 지나가기에 미안할 정도
였습니다.

　이곳에서도 요세미티 국립공원에서 보았던 킹메타스퀘이어 나무가 허리케인으로 쓰러져 섬 안에 그대로 노출되어 있었습니다. 교통에 방해가 되지 않는 위치에 있었고 나무의 둘레가 기록으로 보면 17m가 된다고 했습니다.

내친김에 바다 위에 만들어 놓은 잔도(Hub bay road)를 달려보았습니다. 바다 위 500m 거리를 자전거로 가로질러 달리는 재미는 한국의 해안가 방조제 윗길과는 다르지만 그런대로 라이온 브릿지를 못 건넌 아쉬움을 대신할 수 있었습니다.

스탠리 공원에서는 자전거 타고 다니는 사람을 볼 수 있었지만 이곳은 자전거 타고 다니는 사람이 없었습니다. 우리가 좀 별나서 그런지도 모릅니다. 바다 위 부표 위에 만든 길이라 출렁거리는 다리 위를 자전거 타고 가는 것은 중심 잡기를 조심해야 합니다.

스탠리 공원(Stenly Park)을 둘러보려면 시계 반대 방향으로 주행하여 바닷가를 달릴 수 있으나 산책객들과 길을 함께 써야 하므로 주의를 요합니다. 태평양 연안을 볼 수 있는 스탠리 공원의 랜드마크인 브록킹 포인트 등대(Brocking Point Lighthouse)를 관망하고 섬의 서쪽 끝 지점에 있는 3천만 년 전에 생겼다는, 사람이 변하여 돌부석이 되었다는 시워시 바위(Siwash Rock)을 둘러보면 2시간이 소요된다고 했습니다.

스탠리 공원 안에는 숲이 잘 가꿔져 있었습니다. 식수장과 화장실도 가깝게 있어 라이온 브릿지와 현란한 전광판과 밴쿠버 시내를 바라보면서 잠드는 곳으로는 최상의 장소입니다. 공원 안 깊은 곳에 잠자리를 정해도 문제가 되지 않을 것 같습니다. 시간이 맞지 않아서 아깝지만 이곳에서 잠자는 기회는 포기하고 베이커 산으로 떠나야 했습니다.

3

베이커 산 & 피쳐스 호수
Mount Baker & Lake Picrures

팔
순
바
이
크

베이커 산은 미국과 캐나다의 경계선 가까이 캐스케이드(Cascade) 산맥에 위치한 산으로 산의 모양은 원추형이며 1870년에도 분화하였습니다. 산 이름은 1898년 애팔래치아 산 클럽의 베이커(G. P. Baker)의 성을 따서 지은 것이고, 최초의 등정자는 1923년에 산을 오른 월콕스(W. D. Wilcox)와 이머(R. Aemmer)입니다.

꼭대기는 1년 내내 눈과 빙하로 덮여 있습니다. 매년 적설량이 가장 많은 산입니다. 1.6m씩 눈이 쌓인다고 하는데 가장 많이 내린 신기록은 2.9m라고 합니다. 해발 3,286m의 높이를 가진 이 베이커 산은 여름에만 등산을 할 수 있는데 해발 1,700m에서 만년설인 빙하를 볼 수 있습니다. 여기서 보는 빙하는 캐나다 로키에서 본 것보다 더 웅장하고 거대했습니다.

베이커 산의 동쪽 측면이 카카폰 강(Cacapon River)과 접해 있는 가운데 웨스트 버지니아와 그 둘 사이로 나란히 뻗어 있습니다.

이 산이 더 유명하고 많이 알려진 이유는 이 산 밑의 그림 같은 피쳐스 호수(Lake Picrures) 때문입니다. 글자 그대로인 그림처럼 아름다운 호수 풍경이라 하겠습니다. 이 호수의 물 색깔은 캐나다 호수에서 보아왔던 청록색의 물 색과는 달랐습니다. 파란 하늘을 머금은 물 색에 하얀 눈이 비친 호숫가의 풍경이 그대로 담겨 있어 사진 작가들이 자주 찾아오는 뷰 포인트로 유명했습니다.

이곳에서는 아무렇게나 셔터를 눌러도 작품이 나왔습니다. 자전거 비박꾼들이 솜씨 자랑한다고 포즈 취하기 바빴습니다. 주위의 풍경이 좋았고 설산을 바라보면서 호수를 끼고 산 정상까지 가는 길이 있었습니다. 일정에는 없었지만 자동차로 갈 수 있는 높이가 1,700m라 하여 자전거로 갈 수 있는 곳까지 올라가기로 마음먹고 도전해봤습니다.

하얀 눈 덮인 산야에 찻길이 만들어진 것을 보면 하얀 백지 위에 까만 라인이 줄 쳐져 있는 것 같이 보였습니다. 그 라인을 따라 올라가는 자전거 길은 숨도 차지 않아 대관령 높이만큼이나 올라왔다고 보고, 다시 되돌아가는 길에 눈 녹인 물로 목을 축이고 가지고 온 점심을 노천에서 해결했습니다.

베이커 산은 주로 침엽수로 이루어져 가을에 캐나다의 일반적인 단풍과 다른 색깔을 띠어 이곳만이 특별하다고 단풍 투어를 오기도 한답니다. 우리가 갔던 때는 7월 중순이고 2,000m의 높은 곳이었어서 겨우 단풍 들 준비를 하고 있던 때였습니다. 이곳의 금년 단풍놀이는 우리들이 제일 먼저 하게 된 것 같습니다.

가정집에서도 식사 때가 되면 오늘은 어떤 재료로 어떤 음식을 먹을까 하는 메뉴 선택에 고심하지만 자캠 생활의 식탁에도 그런 고민이 있습니다. 변화의 폭은 적지만 자캠 식탁에도 나름대로 식탁 문화가 있고 지켜야 할 규범이 어느 식탁보다 철저합니다.

제일 우선시 되는 기준은 첫째로 안전도와 위생입니다. 둘째는 영양이고, 셋째는 가격보다 구하기가 쉬운 것입니다. 맛은 맨 나중에 생각합니다. 가정에도 주된 메뉴가 있듯이 자캠에도 나름대로 정해진 메뉴가 있습니다. 떠나올 때 어느 나라를 주요하게 갈 것이라 정해지면 그 나라에서 구하기 쉬운 것부터 찾아보게 됩니다. 미주 쪽은 내륙은 비프 스테이크, 해안 쪽으로는 바닷가재와 연어를 질 좋은 것으로 쉽게 구할 수 있었습니다. 그 주재료에 맞는 부재료와 우리 식성을 감안한 밑반찬 재료를 준비하여 우리 입맛에 맞도록 조리만 하면 현지에서 차질 없이 매일 성찬으로 축복된 식사를 할 수 있습니다.

오늘은 며칠 전에 칼잡이로 진급한 청풍이 자기만이 가진 독특한 밥반찬을 준비하겠다고 했습니다. 달걀 몇 개를 가지고 큰소리치길래 어디 두고 보자 했더니, 실망하지 않을 정도로 기상천외한 맛을 탄생시켰습니다. 자캠 생활의 고유 메뉴를 하나 등록해도 될 만한 획기적인 메뉴를 개발했습니다. 특별한 것은 직접 열을 가하는 것이 아니고 스팀으로 익히는 조리 방법이었습니다. 주 재료는 달걀이지만 오리알도 가능했습니다. 부재료는 필히 양파나 대파를 쓰고 물의 함량을 잘 조절해야 하며 마지막 중요한 것은 뜸들이는 시간이었습니다.

모처럼 신선한 메뉴를 하나 개발했다고 봅니다. 그 자리에서 품평은 하지 않았습니다만 결점은 요리를 하기 위해서 그릇을 하나 더 써야 하는 단점과 스팀으로 익혀야 되니 시간이 의외로 많이 든다는 것입니다. 자전거 타고 다니면서 하는 식사는 시간과 그릇이라는 결점을 안고 있습니다.

서양인과 동양인이라면 입맛을 맞추는 데 문제가 있겠지만, 우리는 한 지역에서 자란 사람들이라 식성 맞추기에는 문제가 없었습니다. 시장기가 있고 자전거가 있기 때문에 걱정할 것이란 양이었습니다. 양만 충분하면 되었습니다. 오늘 저녁 잠자리는 피쳐스 호수 근처인 더글라스틱 캠핑장으로 정해져 있습니다. 천하 절경인 이곳에서 어느 스위트룸보다 더 값진 시간을 보낼 것입니다.

메타세콰이어(Metasequoia)

자이언 캐니언(Zion Canyon) 65m 아래 협곡과 협곡 사이에 떨어진 씨알이 협곡에 가려 햇볕이 들어오지 않는 가운데 복사열로 생존하며 물은 안개에서 묻어나는 수분으로 충족하고 나무가 커 나갈 수 있는 장소는 나뭇가지가 흔들리는 풍화 작용으로 양 옆 협곡이 자리를 비워줍니다.

씨알의 본능으로 여기에도 외롭지 않게 암수가 다정히 겨울을 나기 위해서 먹을 양식으로 협곡에 나뭇가지 뒷그늘진 곳에 잔설을 쌓아두고 넉넉한 살림살이로 3,000년을 버티어 나갈 것입니다.

씨알 머리

협곡과 협곡이
태곳적의 숨결로
마주하는 두얼골 로 바라보게 되었다.

그들 둘 사이에 떨어진 씨알은
서로 나눌 삼천년 간의 긴 이야기를
품에 품고 이 자리에 태어나

사랑이란 것은 이런 것이라고
그리움이란 것도 그런 것이라고

마주하는 두 협곡에 서로 나눌 긴 이야기를
사랑이란 것은 햇님을 통해서 보내고
그리움은 달님을 통해서 바람 결에
그 사연을 실어 보낼 것입니다

떨어져 나갈때의 두 협곡의 아픈 상처에
흐느낌 속에서 커 나갈 씨알이
품고 있는 긴 이야기는 믿음과 사랑이라는 이름으로
양 협곡 안에서 키워나갈 것입니다.

여행을 마치며 - 시애틀에서

여기에서 시작하였다고 여기에서 마치게 되었습니다. 음식은 처음에 비프로 시작하여 연어로 마치게 되었습니다. 마당발이라도 국내에서 통용되는 것인 줄 알았는데 이곳 외국에까지 닿은 코비아 님의 넓은 발 덕택에, 왔을 때는 명품 비프로 입맛을 당기더니 갈 때는 연어로 입맛을 바뀌게 했습니다.

그 기세에 눌릴 수 없다고 선바위 님이 현란한 칼춤까지 추니 인심만큼이나 두꺼운 무등산 님의 손이 할 일이 없어졌으니 막걸리잔 대신에 와인잔이나 권해봅니다. 모처럼 좋은 음식을 대하니 제 나름대로 봐온 것이 있다고 와인잔부터 챙기고 곁들어서 와인을 찾습니다. 나도 한마디 거들었습니다.

에메랄드 호수에서 연어 먹을 때 와인은 있었지만 와인잔이 없어 대신 밥그릇과 냄비뚜껑을 썼습니다. 안주로는 고추장을 함께 먹었어도 맛만 있었습니다. 술이 모자란 것인지 연어가 모자란 것인지 구분이 되지 않았다고 했습니다.

　무사히 긴 여행 끝에 축하주로 건배하며, 이렇게 따뜻한 자리를 마련
하여 주신 교민에게 감사하고 긴 여행 끝에 마련한 이 자리에 함께 해주
신 동료 여러분에게 감사를 드렸습니다.

　특별히 대단하다고 생각하는 것은 본토박이도 모르는 미 서부 일대를
이 잡듯이 다녔던, 그것도 모자라 캐나다의 호수란 호수는 다 둘러보
고 다녔던 8,700km가 넘는 길을 아무 사고 없이 무사히 인도하여주신
준프로 님과 코비아 님의 수고는 자전거 탄 거리 만큼이나 길고 컸습니
다. 모두에게 감사드립니다. 술잔을 높이 들고 건배!

302 캐나다 편 CANADA

비워두고 갑니다

그냥 오지는 않았습니다.
가슴에 품었던 뜨거운 열정을 어디에 풀어놓을까
그 장소를 찾아오게 되어 여기까지 왔습니다.
앉았던 이 자리는

가지고 갈 것도 없고
두고도 갈 것이 없이
빈자리만 두고 갑니다.

그간에 이 빈자리에 많은 것을 채워도 보았고
많은 것을 담아도 보았지만
가지고 온 것이 없으니
채워서 갈 것이 없었습니다

그간에 쌓인 많은 이야기들만은
이 자리에 남기지 않고
곱게 곱게 접어서
가슴과 가슴으로 이어질 여운으로 남기기 위해
빈자리만을 두고 갑니다.

맺는말

지구촌의 코로나 대참변에 의해 모든 분야가 참사를 당하다시피 되어 혼자 하는 운동도 예외는 아니었습니다. 도약을 위해 혼자서라도 움직여보고자 하였으나 그것까지도 자유롭지 않아 지난날에 여행하였던 곳의 추억을 더듬으려 펜 끝으로 추억 여행에 도전하게 되었습니다.

지난날 여행하였던 곳 중에 미주 지역 발자취를 찾아봤습니다. 로키 산맥의 산자락을 중심으로 미 서부 지역은 8개의 캐니언을 중심으로 다녀보았고 캐나다 쪽은 로키가 품고 있는 전 지역의 호수를 탐방하였습니다. 캐나다와 미 서부, 나라만 달리하였지 같은 로키의 산사락에 위치하고 있었지만 달라도 극명하게 달랐습니다. 높이가 다르고 색깔이 달랐습니다. 자전거로 여행하였기 때문에 발견할 수 있었던 차이입니다.

5년 전, 나이 80세의 문턱에 섰을 때 주위의 권고도 있고 해서 감히 용기를 내어 자전거로 갔다 온 41일간의 미주 여행을 옮겨보고자 합니다. 미 서부 지역과 캐나다 지역으로 양분하여 한쪽은 캐니언(Canyon) 탐험 또 한쪽은 호수(Lake) 탐방으로 하여 두 가지 콘셉트로 여행했습니다.

　　시애틀에서 시작하여 페블 비치 17마일 해안선 따라 가는 길에 금문교를 건너 첫 번째로 맞는 요세미티 국립공원을 필두로 그랜드 캐니언을 비롯한 미 서부 지역에 산재한 8개의 국립공원과 산과 호수를 만나다 보니 미 서부 여행에 23일이나 소요되어 거리로는 6,000km가 되었습니다. 그리고 같은 로키 산맥의 지류를 구분 없이 다니다 보니 캐나다에 입국하게 되었습니다.

　　같은 산자락이라 캐나다에 입국한 줄도 모르고 자전거 바퀴 굴리는 데만 신경을 집중하다 보니 밴프가 자랑하는 루이스 호수를 만나게 되었습니다.

　　캐나다 쪽의 호수와 호수를 연결하는 길도 만만치 않았습니다. 날짜로는 18일이었으나 거리상으로 2,750km가 되어 에메랄드 호수를 기점으로 재스퍼, 휘슬러가 품고 있는 호수를 다 섭렵하다 보니 밴쿠버에 도착하는 날이 바빴습니다.

레이니어 국립공원과 베이커 산자락에 있는 피쳐스 호수를 경유해서 처음에 입국하였던 시애틀로 돌아와 한국으로 귀국하게 되었습니다.

처음부터 예견하고 갔지만, 미국과 캐나다라는 두 나라가 로키 산자락에 같이 위치하고 있었는데도 여행의 콘셉트가 극명하게 아주 달랐습니다. 한쪽은 캐니언으로 지구의 대 변천사를 볼 수 있었다면 다른 한쪽은 설산과 고요한 호수의 신비를 즐길 수 있었습니다. 41일간의 그 이야기를 다시 반추한다는 뜻에서 여기에 옮겨놓겠습니다.

감사합니다.

2022년 봄

이용태

시애틀의 일몰

자전거를 탈 때마다
마음 속으로 시나리오를 하나 꾸밉니다.
바람이 내는 소리, 까마귀 우는 소리, 지나가는 차,
스치는 구름까지 모든 풍경이
한 편의 영화가 됩니다.

매일매일 영화를 제작하지만 보는 건 나 하나입니다.
오늘은 로맨스를 찍을까, 뭘 찍어볼까.
뭐라할 사람도 없으니 마음 가는 대로 만들어갑니다.
그러면 자전거 타기는 운동을 넘어
다른 경지에 올라 삶의 예술이 됩니다.

지금껏 나무와 함께 칠전팔기로 살았듯
이제 자전거와 칠전팔기(七顚八起),
아니 팔기칠전(八技七轉)으로 살아보려고 합니다.

자전거를 등에 태우고 가는 길에
만나는 꽃들에게도 물어보고 스치는 바람결에도 물어보면
잊고 살아왔던 귀한 얼굴들을
다시 만날 수 있을 것 같습니다.